그림으로 읽는
친절한
뇌과학
이야기

ZUKAI DE WAKARU 14SAI KARA SHIRU JINRUI NO NOUKAGAKU, SONO GENZAI TO MIRAI
by Inforvisual laboratory

Copyright ⓒ 2019 by Inforvisual laboratory
All rights reserved.
Original Japanese edition published by OHTA PUBLISHING COMPANY
Korean translation rights ⓒ 2022 by Bookpium
Korean translation rights arranged with OHTA PUBLISHING COMPANY, Tokyo
through EntersKorea Co., Ltd. Seoul, Korea

그림으로 읽는

친절한
뇌과학

이야기

인포비주얼 연구소 지음
강도형(정신건강의학과 전문의) 감수
위정훈 옮김

뇌의 비밀, 뇌연구의 역사, 뇌과학의 미래에 대해 우리가 궁금한 모든 것

북피움

나의 뇌와 마주하는
설레는 순간을 선사하는 책

이 책은 현대인들이 꼭 알아야 할 굵직굵직한 이슈들을 창의적인 비주얼 콘텐츠로 알기 쉽게 풀어낸 '그림으로 읽는' 시리즈 가운데 한 권이다. 이번 주제는 요즘 가장 뜨거운 주제인 '뇌과학'이다. '그림으로 읽는 친절한 뇌과학 이야기'라는 제목처럼 이 책의 가장 큰 장점은 복잡한 뇌에 관한 정보를 직관적이고 알기 쉬운 그림으로 읽을 수 있다는 것이다.

그림으로 읽는다! 그것도 어렵기만 한 뇌에 대한 과학적인 이론들을 말이다. 상당히 어려운 작업일 수 있지만, 지은이들의 한 땀 한 땀 노력이 느껴지는 그림들을 보고 있자면, 뇌과학을 잘 모르는 독자라도 한 번 읽으면 뇌과학에 대한 입체적인 정보를 머릿속에 그려내는 데 큰 도움이 될 수 있을 듯하다.

책의 구성 또한 그림만큼이나 친절하다. 뇌에 관한 기초 지식을 설명한 1장 '뇌의 비밀, ABC부터 알아보자'와 뇌를 향한 인간의 끈질긴 도전의 역사를 기술한 2장 '뇌의 비밀은 어떻게 밝혀냈을까'로 뇌과학의 배경 지식을 간결하게 정리한다. 3장 '지각과 행동, 그리고 뇌의 메커니즘'과 4장 '마음과 뇌의 상관관계, 그것이 알고 싶다'에서는 우리가 일상생활을 수행하는 데 필요한 기능들이 뇌의 어떠한 메커니즘에 의해 발생하는지와 의식, 지각, 인지, 감정, 행동 등 기능에 이상이 있을 때 생기는 질환에 대한 핵심적인 내용을 간추려서 정리하고 있다. 5장 '뇌과학의 미래는 유토피아일까, 디스토피아일까'는 눈부시게 발전하는 뇌과학의 산물이 인간의 삶을 어떻게 바꿔놓을지에 대한 전망과 유토피아적인 뇌과학의 발전을 위해 우리가 무엇을 해야 할 것인지를 성찰하게 하는 내용을 담고 있다.

정신건강의학과 의사이자 뇌과학 연구자로 많은 서적과 논문을 독파하며 오랫동안 뇌의 비밀을 풀고자 하는 열망으로 연구를 계속해온 사람으로서, 이처럼 쉽고 친절한 뇌과학 책이 나온 것이 정말 반갑다. 감수를 위해 이 책을 몇 번 정독하고 나서 문득 "나는 나의 뇌를 얼마나 잘 활용하고 있는가?" 하는 의문도 생겼다. 입체화된 그림으로 제공된 책의 내용이 뇌리에 또렷이 박혀서 그랬을지도 모르겠다.

　뇌과학은 앞으로도 상상할 수 없는 수준으로 발전할 것이다. '게놈 프로젝트'로 DNA 염기 배열을 해독해냈듯이, 후대의 인류는 뇌의 비밀 또한 완벽하게 풀어낼 것이다. 하지만 여기서 가장 중요한 것은 뇌과학의 성과물을 어떻게 활용하여 인류의 행복에 이바지할 것인가 하는 문제다. 독자 여러분은 뇌를 어떻게 활용하고 있는가? 뇌를 잘 활용하기 위해서는 가장 먼저 뇌에 대해 잘 알아야 할 것이다. 생의 모든 순간을 나와 함께하지만 그동안 무관심했던 나의 뇌의 실체를 만나는 설레는 순간을 이 책을 통해 독자들과 공유하기를 간절히 기원한다.

2022년 4월

강도형(정신건강의학과 전문의)

아리스토텔레스는 인간의 '뇌'는
마음의 냉각 장치라고 생각했다
오늘날 뇌 탐구는 어디까지 진행되었을까?

우리들 호모 사피엔스가 이 지구에 출현하기 전, 약 40만 년 전에 네안데르탈인이라고 불리는 사람들이 나타났다. 우리보다 강인한 육체와 큰 뇌를 가졌던 사람들이다.

그러나 현재는 호모 사피엔스만 살아남았다. 왜일까?

우리가 지구상에서 생물의 최상위에 설 수 있었던 이유는 우리 '뇌'에 혁명이 일어났기 때문인 것으로 추측하고 있다. 그 혁명을 '인지혁명'이라고 한다. '인지'란 우리 몸 외부에 있는 세계를 관찰하고 그 세계를 우리 마음이 만든 가상 질서 안으로 들여놓는 것이며, 그 질서를 '언어'로 집단적으로 공유하는 것이 '인지혁명'이다.

지금 우리가 당연하게 여기는 사회질서, 예를 들면 국가, 화폐, 법률, 민주주의, 자본주의, 은행, 과학기술, 컴퓨터 등도 모두 우리 '뇌'의 '인지혁명' 결과 만들어진 가상의 질서인 것이다. 우리 인류는 이 가상의 세계 속에서 살아가고 있다.

그러나 스스로 만들어낸 가상의 질서로 전 세계를 장악한 '뇌'를 갖고 있지만, 가상화할 수 없는 것이 딱 하나 있다. 그것은 물질로서의 리얼한 '뇌'이다.

여기에 커다란 수수께끼가 존재한다. 물질인 '뇌'가 어떻게 '나'라는 '마음'을 만들고 가상의 세계를 만들어냈을까. 이것은 '인간이란 무엇인가?'라는 고대부터의 철학적인 물음이기도 했다.

유럽 중세 시대에 싹튼 과학적 사고는 탐구의 눈을 뇌로 향했다. 과학적 사고는 세계를 사물로 분할하여 사물의 움직임을 관찰하고 그 움직임의 원리를 재현 가능한 수식으로 정의한다. 우리 '뇌'의 움직임도 그런 과학적 수법을 통해 해명되어왔다.

20세기 후반에서 21세기 초인 현재까지 기계로서의 '뇌'의 메커니즘을 알기 위한 연구는 연관된 과학기술의 발전에 힘입어 비약적으로 진전하고 있다. 눈이 사물을 보는 메커니즘, 귀가 소리를 듣는 메커니즘, 사람을 좋아하게 될 때의 뇌의 작용 등, 기계로서의 '뇌'의 메커니즘이 하나씩 풀리고, 정신 질환의 원인과 치료법에도 새로운 전망이 열리고 있다.

2013년 미국 정부는 뇌의 작동 메커니즘을 밝혀내는 '브레인 이니셔티브 프로젝트Brain Initiative project'를 출범시켰다. 그 프로젝트의 목표는 완전한 뇌 신경세포 지도를 만들고, 그것을 토대로 인간 뇌의 완전한 복제품을 만드는 것이다.

이 연구에는 컴퓨터 연구의 진보, 인공지능(AI)의 개발이 크게 공헌하고 있다. AI 개발은 글자 그대로 인간처럼 사고하는 기계를 만들려는 시도이다. AI의 능력은 머지않아 인간의 두뇌를 뛰어넘을 것이라고 한다.

그리고 미국의 연구자들은 훨씬 대담한 계획을 갖고 있다. 그것은 인간의 뇌와 AI 컴퓨터를 연결하는 계획이다. 인간의 두뇌와 신경망 인공지능을 연결하면 우리들 인간이 인간을 뛰어넘은 두뇌를 가질 수 있다는 것이다. 이런 극단적이고 낙관적인 발상이 미국의 거대 IT 기업 경영자들 사이에서 나오고 있다. 중세에 시작된 과학에 의한 뇌 탐구의 궁극적인 모습을 보는 것 같다. 그런 한편으로, 이런 발상이 우리들 인간의 '마음'에서 크게 빗나간 길을 가는 건 아니냐는 우려와 불안의 목소리 또한 높아지고 있다.

이 책은 인간이 자신의 '뇌'에 대해 어떻게 탐구해왔고, 현재 무엇을 알고 있는지 등의 내용을 그림으로 풀어쓴 것이다. 지금 우리는 '뇌'의 미래에 대해 생각을 진척시키는 지점에 서 있다. 앞으로 어느 쪽을 향해 한 걸음을 내딛을지를 생각할 때, 이 책이 작은 도움이 된다면 참으로 기쁘겠다.

차례

Part 2. 뇌의 비밀은 어떻게 밝혀냈을까

Part 3. 지각과 행동, 그리고 뇌의 메커니즘

Part 4. 마음과 뇌의 상관관계, 그것이 알고 싶다

Part 5. 뇌과학의 미래는 유토피아일까, 디스토피아일까

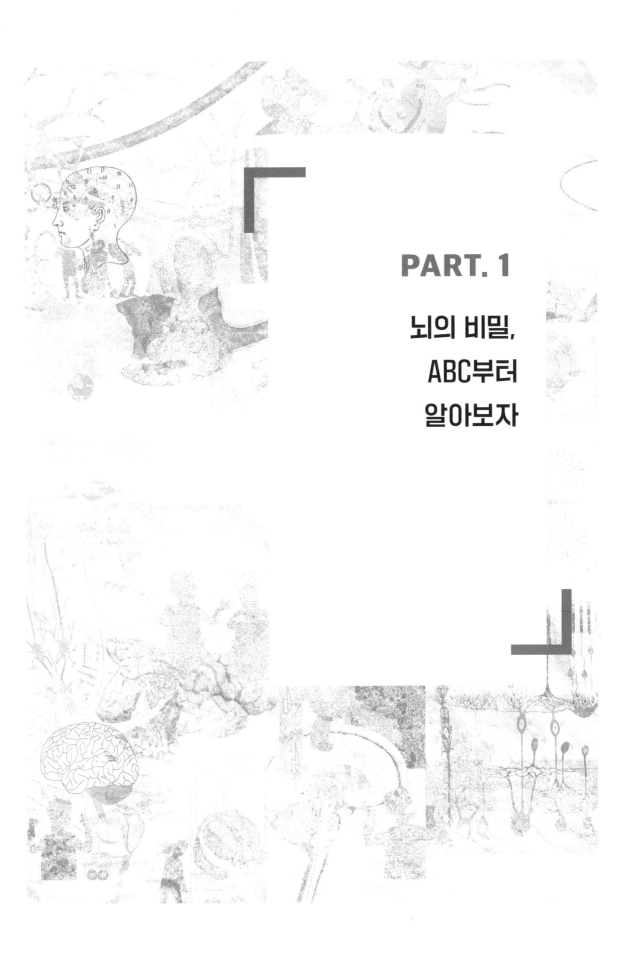

PART. 1

뇌의 비밀,
ABC부터
알아보자

'나'라는 존재는 두개골 안의 바다에 떠 있는 1.5kg의 회백색 물체일까!?

물질로서의 뇌의 실체

우리는 평소에 자신의 뇌를 거의 의식하지 않는다. 인체 모형이나 일러스트에서 보는 뇌는 주름에 덮여 그로테스크하게 보이기까지 한다. 살아 있는 뇌는 핑크색을 띤 회백색이다. 무게는 체중의 약 2%, 성인 남성은 약 1.5kg, 성인 여성은 약 1.2kg이고, 굳힌 젤리 같은 모양이며 소금물 같은 뇌척수액 안에 떠 있고 두개골에 감싸여 보호되고 있다.

이렇게 작고 말캉말캉한 물체가 우리의 몸과 마음을 컨트롤하고 있다는 건 쉽게 믿어지지 않는다. 뇌가 생명을 컨트롤하고 있다면 '나'란 뇌 자체일까?

생물의 진화와 더불어 확충된 뇌기능

뇌는 크게 나누어 대뇌, 소뇌, 간뇌, 뇌간 등 4개의 부위로 구성되어 있다. 이 구조는 모든 척추동물(등뼈를 가진 동물)에 공통되며, 생물의 진화와 더불어 뇌도 진화해왔다.

뇌간은 살아가기 위해 필요한 최소한의 기능을 한다. 호흡, 박동, 혈압, 체온 등을 자율적으로 조절하고 생명 유지를 위해 쉼 없이 작동하고 있다. 어류나 파충류의 뇌 대부분을 차지하고 있는 것은 뇌간이다.

포유류가 되면 대뇌와 소뇌가 커진다. 특히 대뇌 표면에 있는 대뇌피질이 발달하여 고도의 기능을 담당하는 신피질이 대뇌의 대부분을 차지하게 된다. 뇌 주름의 정체는 바로 신피질이다. 구불구불하게 접힘으로써 보다 넓은 표면적을 확보하고 기능을 증가시켜온 것이다. 인류가 생물의 최상위에 서게 된 것은 이 신피질을 고도로 발달시켜 사고를 획득한 덕분이었다.

신피질에 비해 오래된 피질에 해당하는 것은 대뇌 안쪽에 있는 대뇌변연계이다. 이것은 본능이나 정동(情動, affect) 등 원시적인 생명 활동에 관여한다.

대뇌 뒤쪽 아래에 있는 소뇌는 운동을 조절하는 역할을 한다. 뇌간 위에 있는 간뇌는 감각 정보를 중계하거나 자율신경을 제어하는 역할을 맡고 있다.

이들 4개의 부위로 이루어진 뇌는 온몸으로 뻗어 있는 신경으로부터 정보를 받아들이고, 반대로 신경을 거쳐 온몸으로 명령을 전달한다. 신경은 체내에서 정보 전달을 담당하는 조직이며 신경세포로 이루어져 있다. 신경세포뿐만 아니라 모든 세포는 오른쪽 아래 그림처럼 막의 안팎이 균형을 이루고 있다는 것을 먼저 알아두자.

이 물체가 '나'의 정체?

온몸에 뻗어 있는 신경세포는 뇌로 모여든다

뇌는 신경 네트워크의 총괄 센터

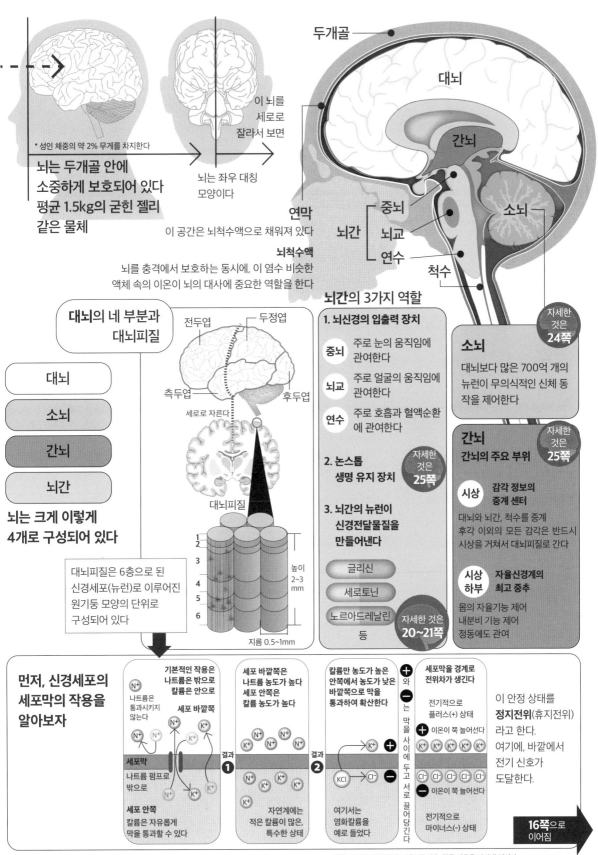

* 성인 체중의 약 2% 무게를 차지한다

뇌는 두개골 안에
소중하게 보호되어 있다
평균 1.5kg의 굳힌 젤리
같은 물체

이 뇌를
세로로
잘라서 보면

뇌는 좌우 대칭
모양이다

이 공간은 뇌척수액으로 채워져 있다

연막

뇌척수액
뇌를 충격에서 보호하는 동시에, 이 염수 비슷한
액체 속의 이온이 뇌의 대사에 중요한 역할을 한다

두개골

대뇌

간뇌

소뇌

뇌간 ┌ 중뇌
     ├ 뇌교
     └ 연수

척수

대뇌의 네 부분과 대뇌피질

전두엽   두정엽

측두엽   후두엽

세로로 자른다

대뇌

소뇌

간뇌

뇌간

뇌는 크게 이렇게
4개로 구성되어 있다

대뇌피질

대뇌피질은 6층으로 된
신경세포(뉴런)로 이루어진
원기둥 모양의 단위로
구성되어 있다

1
2
3
4
5
6

높이
2~3
mm

지름 0.5~1mm

뇌간의 3가지 역할

1. 뇌신경의 입출력 장치

중뇌 주로 눈의 움직임에 관여한다

뇌교 주로 얼굴의 움직임에 관여한다

연수 주로 호흡과 혈액순환에 관여한다

2. 논스톱 생명 유지 장치

자세한 것은 25쪽

3. 뇌간의 뉴런이 신경전달물질을 만들어낸다

글리신

세로토닌

노르아드레날린

등

자세한 것은 20~21쪽

소뇌
대뇌보다 많은 700억 개의
뉴런이 무의식적인 신체 동
작을 제어한다

자세한 것은 24쪽

간뇌
간뇌의 주요 부위

자세한 것은 25쪽

시상 감각 정보의 중계 센터

대뇌와 간뇌, 척수를 중계
후각 이외의 모든 감각은 반드시
시상을 거쳐서 대뇌피질로 간다

시상 하부 자율신경계의 최고 중추

몸의 자율기능 제어
내분비 기능 제어
정동에도 관여

먼저, 신경세포의 세포막의 작용을 알아보자

**기본적인 작용은
나트륨은 밖으로
칼륨은 안으로**

나트륨은
통과시키지
않는다

세포 바깥쪽

세포막
나트륨 펌프로
밖으로

세포 안쪽
칼륨은 자유롭게
막을 통과할 수 있다

결과 ❶

**세포 바깥쪽은
나트륨 농도가 높다
세포 안쪽은
칼륨 농도가 높다**

자연계에는
적은 칼륨이 많은,
특수한 상태

결과 ❷

**칼륨만 농도가 높은
안쪽에서 농도가 낮은
바깥쪽으로 막을
통과하여 확산한다**

KCl

여기서는
염화칼륨을
예로 들었다

➕ 와 ➖ 는 막을 사이에 두고 서로 끌어당긴다

**세포막을 경계로
전위차가 생긴다**

전기적으로
플러스(+) 상태

➕ 이온이 쭉 늘어선다

➖ 이온이 쭉 늘어선다

전기적으로
마이너스(-) 상태

이 안정 상태를
정지전위(휴지전위)
라고 한다.
여기에, 바깥에서
전기 신호가
도달한다.

16쪽으로 이어짐

* 위의 나트륨, 칼륨 표기는 나트륨 이온, 칼륨 이온을 나타낸 것이다.

뇌에는 전기 신호를 전달하는
1천 억 개의 신경세포가 있다

뇌를 구성하는 신경세포 뉴런

우리 몸은 60조 개나 되는 세포로 이루어져 있다. 몸의 부위나 역할에 따라 다양한 종류의 세포가 있는데, 체내의 빠른 정보 전달 역할을 담당하는 것은 신경세포이다. 신경세포는 온몸으로 뻗어 있는 신경계에 존재하지만 그 모든 것을 통괄하는 뇌에 가장 집중되어 있으며, 대뇌피질에만 140억 개, 뇌 전체에는 약 1천 억 개나 있는 것으로 알려져 있다.

아래 그림에서 보이듯이 신경세포의 모양은 아주 이상하다. 세포체에서 가지돌기라는 것이 여러 개 뻗어 나오고, 꼬리처럼 뻗은 축삭은 수초(髓鞘, 미엘린myelin)라는 칼집 모양의 막에 감싸여 있다.

이 세포체, 가지돌기, 축삭으로 구성된 하나의 신경 단위를 '뉴런'이라고 한다. 일반적으로 뉴런이라고

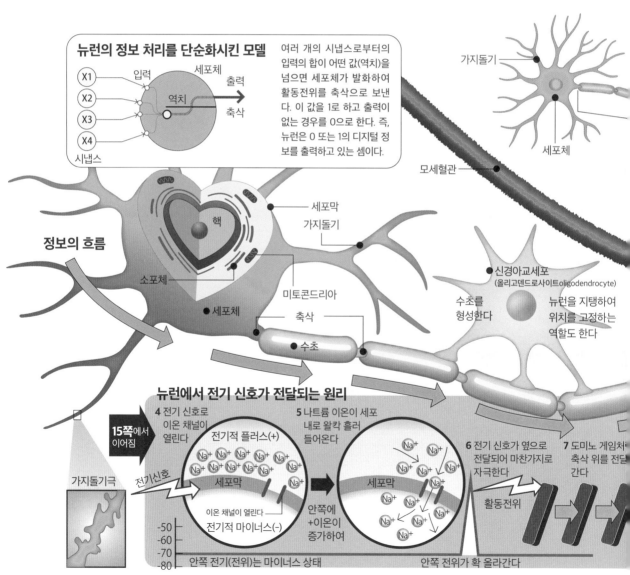

뉴런의 정보 처리를 단순화시킨 모델

X1, X2, X3, X4 — 입력 — 시냅스 — 세포체 — 역치 — 출력 — 축삭

여러 개의 시냅스로부터의 입력의 합이 어떤 값(역치)을 넘으면 세포체가 발화하여 활동전위를 축삭으로 보낸다. 이 값을 1로 하고 출력이 없는 경우를 0으로 한다. 즉, 뉴런은 0 또는 1의 디지털 정보를 출력하고 있는 셈이다.

가지돌기

세포체

모세혈관

정보의 흐름

핵

세포막

가지돌기

소포체

세포체

미토콘드리아

축삭

수초

신경아교세포
(올리고덴드로사이트oligodendrocyte)

수초를 형성한다

뉴런을 지탱하여 위치를 고정하는 역할도 한다

뉴런에서 전기 신호가 전달되는 원리

가지돌기극

전기신호

15쪽에서 이어짐

4 전기 신호로 이온 채널이 열린다

전기적 플러스(+)

Na^+ Na^+ Na^+ Na^+ Na^+ Na^+ Na^+ Na^+ Na^+ Na^+ Na^+ Na^+ Na^+

세포막

이온 채널이 열린다

전기적 마이너스(-)

5 나트륨 이온이 세포 내로 왈칵 흘러 들어온다

Na^+

세포막

안쪽에 +이온이 증가하여

6 전기 신호가 옆으로 전달되어 마찬가지로 자극한다

활동전위

7 도미노 게임처럼 축삭 위를 전달해 간다

-50
-60
-70
-80

안쪽 전기(전위)는 마이너스 상태

안쪽 전위가 확 올라간다

하면 신경세포를 가리킨다. 뇌에는 신경세포 이외에 신경아교세포glial cell라고 불리는 세포가 있으며, 신경세포를 보조하는 일을 비롯해 여러 가지 역할을 하고 있다.

신경세포의 역할은 정보 전달

신경세포가 긴 나뭇가지 같은 것을 사방으로 뻗고 있는 것은 다른 신경세포와 정보를 교환하기 위해서다. 정보는 전기 신호로 전송된다. 가지돌기로 앞쪽 신경세포로부터 정보를 받아들이고, 축삭 말단을 통해 다음 신경세포로 보낸다. 가지돌기는 입력 담당, 축삭 말단은 출력 담당인 것이다.

이렇게 보면 신경세포는 전기 케이블 같지만 정보 전달 원리는 아주 복잡하다. 여기서는 포인트를 2개만 잡아보자. 첫째, 전기가 생기는 데는 아래 그림처럼 세포막 안팎에 있는 이온(전하를 가진 원자)이 관계하고 있다는 것. 둘째, 신경세포끼리 정보를 주고받을 때, 전기 신호는 일단 화학 정보로 변환되었다가 다시 전기 신호로 변환된다는 것. 이 원리는 다음 페이지에서 자세히 살펴보자.

뉴런 정보 네트워크의 구조

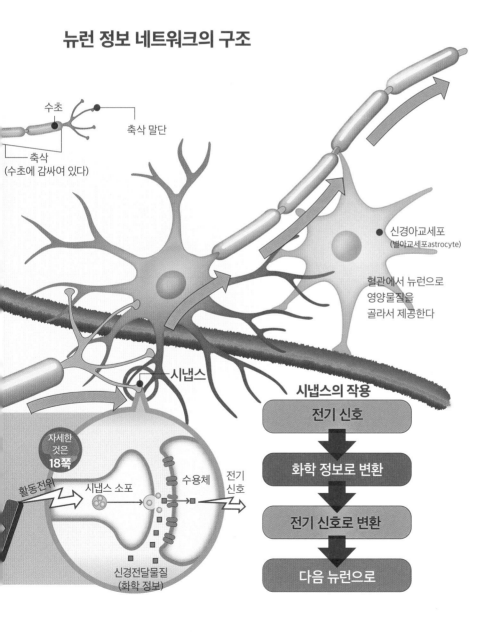

신경세포들의 정보 전달은
복잡한 전기 화학 반응의 결과다

이온의 이동이 활동전위를 만든다

신경세포의 복잡한 정보 전달을 이해하기 위해, 먼저 15쪽 아래 그림을 떠올려보자. 모든 세포는 세포막에 감싸여 바닷물 같은 체액으로부터 분리되어 있다.

통상적인 상태에서 막의 바깥쪽에는 나트륨 이온, 안쪽에는 칼륨 이온이 많이 존재하고 있다. 이 균형은 세포막에 있는 나트륨 펌프에 의해 항상 유지되고 있다. 결과적으로, 세포막 바깥쪽에는 전기적으로 플러스 성질을 가진 나트륨 이온이 많아지므로, 세포막 안쪽은 바깥에 비해 마이너스 상태로 안정되어 있다.

여기까지는 모든 세포가 공통적인데, 신경세포에는 자극을 받으면 흥분하는 성질이 있으며 이것이 전기 전도의 계기가 된다. 이번에는 16쪽 아래 그림을 보자. 세포막 여기저기에는 단백질로 된 이온이 지나가는 길이 있는데, 이것을 이온 채널이라고 한다. 신경세포가 자극을 받으면 평소에는 닫혀 있는 나트륨 전용 채널이 잠깐 열린다. 그러면 나트륨 이온이 농도가 높은 쪽에서 낮은 쪽으로, 즉 세포막의 밖에서 안으로 한꺼번에 흘러들어 마이너스였던 세포 안의 전위가 한순간에 플러스로 확 바뀐다. 이것을 '활동전위' 또는 '스파이크'라고 한다. 이것이 도미노 게임처럼 차례차례 연쇄적으로 일어나서 전기 신호가 축삭을 내려가는 것이다.

시냅스를 뛰어넘는 신경전달물질

이렇게 해서 축삭의 말단까지 도달한 전기 신호가 어떻게 다음 신경세포로 전달되어가는지를 나타낸 것이 오른쪽 그림이다. 신경세포끼리 접합하는 부분을 '시냅스'라고 하며, 2개의 세포 사이에 있는 작은 틈을 '시냅스틈synaptic cleft'이라고 한다. 전기 신호는 이 틈을 뛰어넘지 못한다. 그렇다면 어떻게 할까? 신경전달물질이라는 화학물질로 일단 변환된다.

신경세포 A의 축삭 말단에는 신경전달물질이 들어 있는 시냅스 소포와 칼슘 이온을 통과시키는 칼슘 채널이 있다. 전기 신호가 말단까지 도달하면 이 채널이 열려서 칼슘 이온이 유입된다. 그것이 자극이 되어 시냅스 소포에서 신경전달물질이 분비된다.

이것을 신경세포 B의 수용체가 받아들이면 여기서도 채널이 열리고, 이번에는 나트륨 이온이 세포 내로 흘러들어간다. 그러면 작은 탈분극(脫分極, 시냅스후 전위postsynaptic potential)이 생긴다. 시냅스후 전위가 많이 모아져서 축삭의 근원이 되는 곳에서 전위 변화가 충분해지면 활동전위가 생기고, 정보는 다시 전기 신호로서 이어져가는 것이다.

시냅스 사이에서 뉴런의 정보 전달 원리

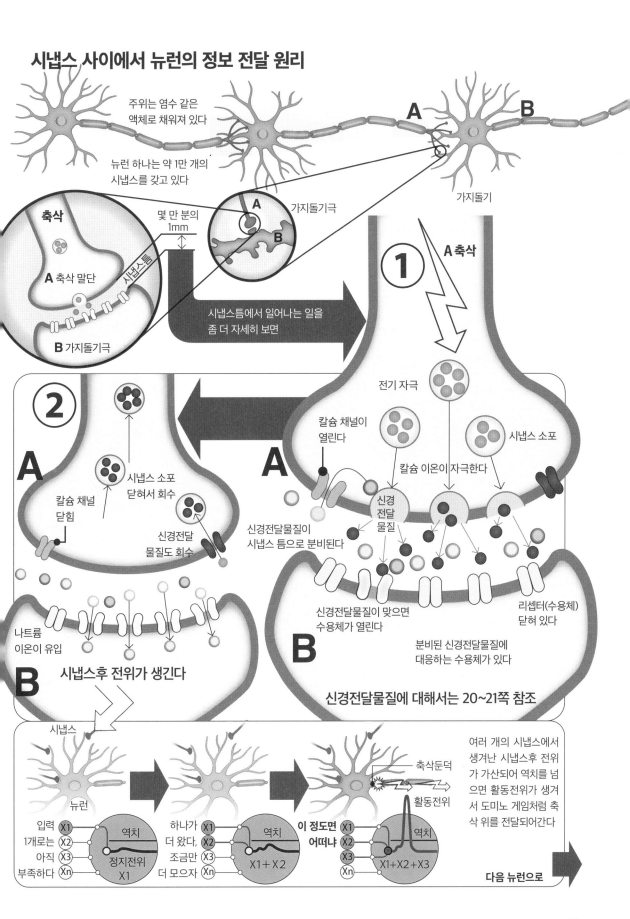

주위는 염수 같은 액체로 채워져 있다

뉴런 하나는 약 1만 개의 시냅스를 갖고 있다

A B

가지돌기

축삭

몇 만 분의 1mm

A 축삭 말단

시냅스틈

B 가지돌기극

A
B

가지돌기극

시냅스틈에서 일어나는 일을 좀 더 자세히 보면

①

A축삭

전기 자극

칼슘 채널이 열린다

시냅스 소포

칼슘 이온이 자극한다

②

A

시냅스 소포 닫혀서 회수

칼슘 채널 닫힘

신경전달 물질도 회수

신경전달물질이 시냅스 틈으로 분비된다

A

신경 전달 물질

B

나트륨 이온이 유입

시냅스후 전위가 생긴다

신경전달물질이 맞으면 수용체가 열린다

리셉터(수용체) 닫혀 있다

분비된 신경전달물질에 대응하는 수용체가 있다

신경전달물질에 대해서는 20~21쪽 참조

시냅스

뉴런

입력
1개로는
아직
부족하다

X1
X2
X3
Xn

역치

정지전위
X1

하나가 더 왔다, 조금만 더 모으자

X1
X2
X3
Xn

역치

X1 + X2

이 정도면 어떠냐

축삭둔덕

활동전위

X1
X2
X3
Xn

역치

X1+X2+X3

여러 개의 시냅스에서 생겨난 시냅스후 전위가 가산되어 역치를 넘으면 활동전위가 생겨서 도미노 게임처럼 축삭 위를 전달되어간다

다음 뉴런으로

신경세포 사이의 정보를 연결하는 신경전달물질
이 균형이 뇌기능을 정상으로 유지한다

흥분과 억제의 균형을 잡는다

신경세포에서 신경세포로 정보가 전달될 때, 전기 신호는 신경전달물질로 변환되어 시냅스틈을 뛰어 넘는다. 이 신경전달물질은 단순히 정보를 중계할 뿐만 아니라 다음 신경세포를 흥분시켜서 활성화하 거나, 반대로 흥분을 억제함으로써 뇌기능을 조절하고 있다.

신경전달물질은 알려진 것만 해도 60종류 이상 있으며, 종류에 따라 발생 장소나 작용이 다르다.

신경전달물질은 신경세포의 세포체에서 생성되어 시냅스 소포에 저장된다. 분비되면, 다음 신경세포 의 시냅스에 있는 특정 수용체가 받아들인다. 예를 들면 대표적인 신경전달물질인 글루탐산을 받아들 일 수 있는 것은 글루탐산 수용체이다.

도파민
대뇌 기저핵의 흑질이라고 불리는 신경핵 등에서 생성. 운동기능이나 의욕, 쾌감 등에 관여한다. 부족하면 파킨슨병이 발병하기도 한다.

아세틸콜린
전뇌 기저부의 마이너트 기저핵 등에서 생성되어 부교 감신경을 높인다. 기억의 유지에도 관여하여 감소하면 알츠하이머병의 발병으로 이어진다고 알려져 있다.

감마 아미노부티르산 (GABA)
아미노산의 일종으로, 뇌의 각 부위에 있다. 대표적인 억제성 신경전달물질이며 수면을 촉진한다.

글루탐산
대표적인 신경전달물질이며 아미노산의 일종. 뇌의 각 부위에 있으며, 뉴런을 흥분시켜 기억이나 학습에도 관여한다.

옥시토신
시상하부에서 생성되어 하수체에서 호르몬으로 분비되는 이외에 변연계 등에서 신경전달물질로도 작용한다. 속칭 '애정 호르몬'.
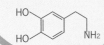

엔돌핀
시상하부나 하수체에 많으며, 진통 효과나 행복감을 얻을 수 있어서 '뇌내 마약'이라고도 한다. 러너스 하이runners' high 도 엔돌핀 작용 때문이라고 알려져 있다.

히스타민
시상하부에 모이며, 거기서 뇌의 각 장소로 투사된다. 수면이나 식욕 조절, 학습기억 등의 기능을 가지며, 자율신경 조절에도 영향을 미친다.

세로토닌
뇌간의 봉선핵에서 만들어진다. 기분이나 감정을 컨트롤하여 정신을 안정시키므로 흔히 '행복 호르몬'이라고도 불린다.

노르아드레날린
뇌간의 청반핵 등에서 생성. 아드레날린의 전구체이며, 각성력을 높이고 혈압을 상승시킨다. 감소하면 우울 상태가 되고 과도하면 공격성으로 이어진다.

글리신
아미노산의 일종이며, 뇌간이나 척수에 있다. 억제성 신경전달물질로 작용하는 한편, 뉴런을 흥분시키는 작용이 있다는 것도 알려져 있다.
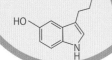

신경전달물질은 흔히 '뇌내 호르몬'이라고도 하는데, 호르몬은 원래 혈류를 타고 온몸으로 운반되어 작용하는 물질을 가리키며, 시냅스틈이라는 좁은 공간에서 작용하는 신경전달물질과는 구별된다.

대부분의 신경전달물질은 받아들이는 쪽의 신경세포를 흥분시키는 타입이다. 예를 들어 도파민이나 노르아드레날린은 의욕을 불러일으키는 물질로 알려져 있는데, 너무 적게 분비되면 의욕이 저하하여 우울 상태가 되며, 반대로 지나치게 분비되면 여러 가지 문제를 일으킨다.

한편, 흥분을 억누르는 억제성 타입의 신경전달물질에는 감마-아미노부티르산(gammaaminobutyric acid, GABA)이나 글리신glycine이 있다.

요즘 정신건강의학계에서 가장 주목을 받고 있는 것은 세로토닌이다. 온몸에 있는 세로토닌 가운데 뇌내에는 2%밖에 없지만, 다른 신경전달물질의 과다 분비를 억제하여 감정을 컨트롤하기 때문에 '행복 호르몬'이라고도 부른다. 뇌 곳곳에서는 항상 이런 신경전달물질이 분비되어 흥분과 억제의 균형을 잡고 있다. 그럼으로써 뇌는 정상으로 기능하고, 심신의 건강도 유지되는 것이다.

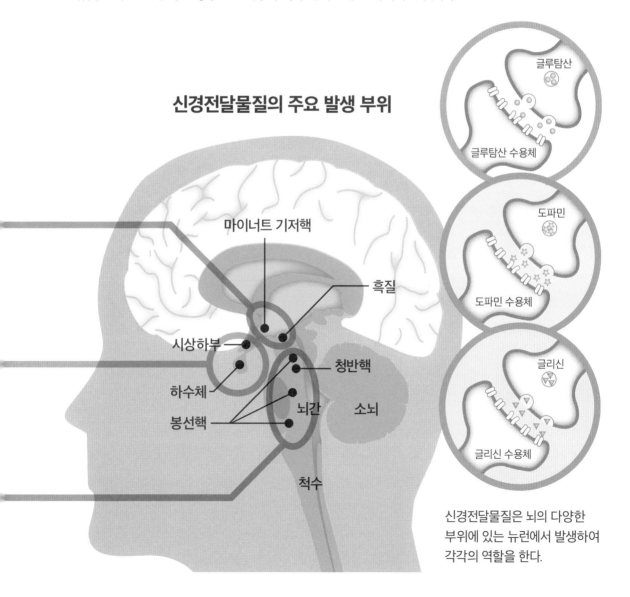

신경전달물질의 주요 발생 부위

마이너트 기저핵

흑질

시상하부

청반핵

하수체

봉선핵

뇌간

소뇌

척수

글루탐산

글루탐산 수용체

도파민

도파민 수용체

글리신

글리신 수용체

신경전달물질은 뇌의 다양한 부위에 있는 뉴런에서 발생하여 각각의 역할을 한다.

내가 '나'로 존재하기 위해 작용하는 대뇌의 네 부위
전두엽, 측두엽, 두정엽, 후두엽의 위치와 기능

4개의 부위가 기능을 분담한다

대뇌는 사람의 뇌 무게의 80%를 차지한다. 대뇌는 부위별로 기능이 다르며, 이것을 뇌의 '기능 국재functional localization'라고 한다.

오른쪽 일러스트는 대뇌를 왼쪽 옆에서 본 것이다. 대뇌 표면에 있는 대뇌피질에는 특정 장소에 깊은 고랑이 있으며, 그 고랑을 경계로 4개의 부위로 나뉘어 있다.

그중 맨 앞에 있는 것이 '전두엽'이다. 인간은 전두엽을 발달시킴으로써 다른 동물이 가질 수 없었던 지성을 획득해왔다. 사고나 창조성 등, 고도의 정신기능을 담당하는 전전두피질(prefrontal area 또는 전두연합영역frontal association area)도 여기에 있다. 그 밖에 몸의 움직임을 담당하는 운동 영역motor area, 입을 움직여서 언어를 말하는 기능을 담당하는 브로카 영역(Broca's area, 운동성 언어 중추)도 전두엽에 있다.

측면의 관자놀이 안쪽 근처에 있는 것은 '측두엽'이다. 여기에는 언어의 의미를 이해하는 베르니케 영역(Wernicke's area, 감각성 언어 중추)이나 소리 정보를 처리하는 청각 영역이 있으며, 음성이나 언어 등을 담당하고 있다.

정수리의 약간 뒤쪽에 있는 것은 몸의 감각 등을 담당하는 '두정엽'이다. 어떤 자극을 받으면 그 정보는 온몸에 뻗어 있는 말초신경에서 등뼈 속을 흐르는 척수를 통해 두정엽의 체성體性 감각 영역으로 보내진다.

그리고, 머리 뒤쪽에는 '후두엽'이 있다. 여기에는 시각 영역이 있으며 눈으로 들어온 시각 정보가 도달하여 처리되고 있다.

우뇌와 좌뇌에 관한 오해

위의 분류와는 별도로, 대뇌를 우반구와 좌반구로 나눌 수도 있다. 뇌와 몸을 연결하는 신경은 연수에서 교차하므로 우반구는 좌반신, 좌반구는 우반신을 담당한다.

흔히 '우뇌는 감성, 좌뇌는 논리'라는 말을 많이 한다. 좌뇌가 발달한 사람은 논리적이라는 말이 나오게 된 이유는 언어 영역인 브로카 영역과 베르니케 영역이 좌반구에 있기 때문이기도 하다. 하지만 언어 영역의 위치는 많이 쓰는 손과 관계가 있으며, 왼손잡이인 사람은 언어 영역이 우반구에도 있는 경우가 적지 않다. 또한 좌우의 대뇌반구는 연계하여 작용하므로 어느 한쪽이 더 뛰어나거나 하는 경우는 없다.

대뇌의 네 부분이 분담하는 주요 기능

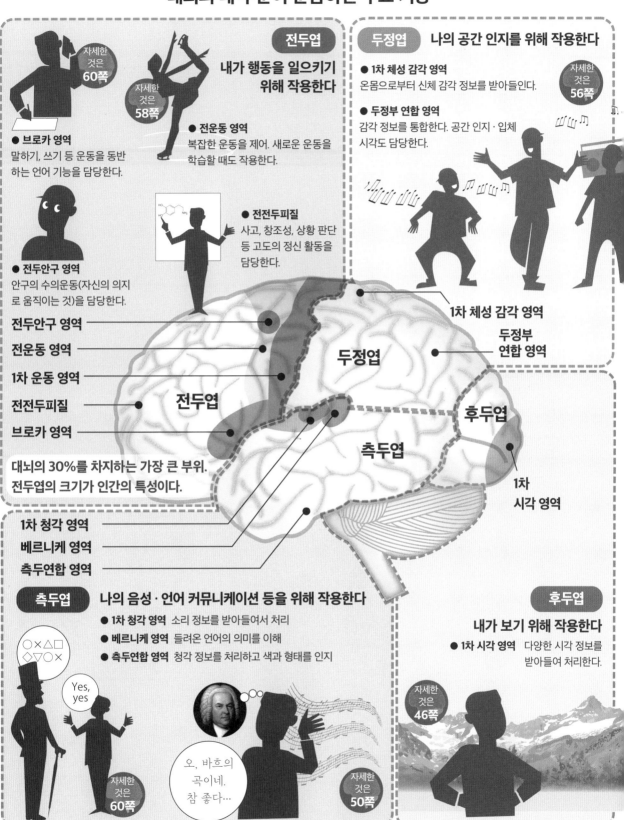

전두엽

내가 행동을 일으키기 위해 작용한다

자세한 것은 **60쪽**

자세한 것은 **58쪽**

● **전운동 영역**
복잡한 운동을 제어. 새로운 운동을 학습할 때도 작용한다.

● **브로카 영역**
말하기, 쓰기 등 운동을 동반하는 언어 기능을 담당한다.

● **전전두피질**
사고, 창조성, 상황 판단 등 고도의 정신 활동을 담당한다.

● **전두안구 영역**
안구의 수의운동(자신의 의지로 움직이는 것)을 담당한다.

전두안구 영역
전운동 영역
1차 운동 영역
전전두피질
브로카 영역

대뇌의 30%를 차지하는 가장 큰 부위. 전두엽의 크기가 인간의 특성이다.

전두엽

두정엽 **나의 공간 인지를 위해 작용한다**

● **1차 체성 감각 영역**
온몸으로부터 신체 감각 정보를 받아들인다.

● **두정부 연합 영역**
감각 정보를 통합한다. 공간 인지·입체 시각도 담당한다.

자세한 것은 **56쪽**

1차 체성 감각 영역

두정부 연합 영역

두정엽

후두엽

측두엽

1차 시각 영역

1차 청각 영역
베르니케 영역
측두연합 영역

측두엽 **나의 음성·언어 커뮤니케이션 등을 위해 작용한다**

● **1차 청각 영역** 소리 정보를 받아들여서 처리
● **베르니케 영역** 들려온 언어의 의미를 이해
● **측두연합 영역** 청각 정보를 처리하고 색과 형태를 인지

Yes, yes

오, 바흐의 곡이네. 참 좋다…

자세한 것은 **60쪽**

자세한 것은 **50쪽**

후두엽

내가 보기 위해 작용한다

● **1차 시각 영역** 다양한 시각 정보를 받아들여 처리한다.

자세한 것은 **46쪽**

대뇌의 가장 안쪽, 그리고 소뇌와 뇌간은
생존에 필요한 기능을 담당한다

대뇌변연계와 대뇌기저핵의 역할

대뇌피질의 깊숙한 부분과 그 안쪽은 진화적으로 오래된 피질이며, 대뇌변연계라고 부른다. 동기부여 등에 관여하는 대상회帶狀回, 기억에 관여하는 해마, 본능이나 원시적인 감정에 관여하는 편도체 등이 있다. 대뇌의 안쪽, 간뇌의 바깥쪽에는 대뇌기저핵이 있으며, 대뇌피질과 시상·뇌간을 연결하고, 행동의 학습·선택이나 운동 제어를 담당한다. 대뇌피질에서 운동 명령을 내리면 대뇌기저핵은 적절한 타이밍에 운동을 시작하거나 필요 없는 운동을 억제하고, 좋은 결과로 이어졌던 행동을 촉진하기도 한다.

몸의 움직임을 미세하게 조절하는 소뇌

대뇌의 뒤쪽 아래에 있는 소뇌는 대뇌 무게의 약 10%이다. 글자 그대로 작은 뇌지만, 여기에는 대뇌보

나의 몸과 마음에 작용하는 간뇌와 대뇌변연계

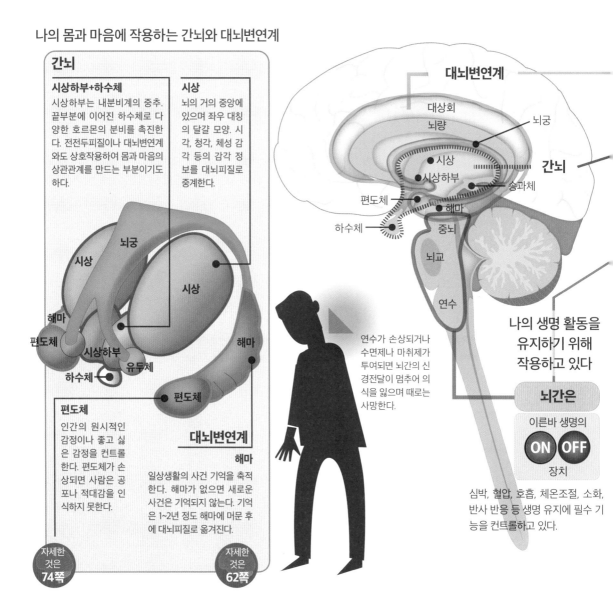

간뇌

시상하부+하수체

시상하부는 내분비계의 중추. 끝부분에 이어진 하수체로 다양한 호르몬의 분비를 촉진한다. 전전두피질이나 대뇌변연계와도 상호작용하여 몸과 마음의 상관관계를 만드는 부분이기도 하다.

시상

뇌의 거의 중앙에 있으며 좌우 대칭의 달걀 모양. 시각, 청각, 체성 감각 등의 감각 정보를 대뇌피질로 중계한다.

대뇌변연계

대상회
뇌량
뇌궁
시상
시상하부
송과체
편도체
해마
하수체
중뇌
뇌교
연수

간뇌

편도체

인간의 원시적인 감정이나 좋고 싫은 감정을 컨트롤한다. 편도체가 손상되면 사람은 공포나 적대감을 인식하지 못한다.

뇌궁
시상
해마
편도체
시상하부
유두체
하수체
편도체
해마

대뇌변연계

해마

일상생활의 사건 기억을 축적한다. 해마가 없으면 새로운 사건은 기억되지 않는다. 기억은 1~2년 정도 해마에 머문 후에 대뇌피질로 옮겨진다.

연수가 손상되거나 수면제나 마취제가 투여되면 뇌간의 신경전달이 멈추어 의식을 잃으며 때로는 사망한다.

나의 생명 활동을 유지하기 위해 작용하고 있다

뇌간은

이른바 생명의

ON **OFF**

장치

심박, 혈압, 호흡, 체온조절, 소화, 반사 반응 등 생명 유지에 필수 기능을 컨트롤하고 있다.

자세한 것은 **74쪽**

자세한 것은 **62쪽**

다 많은 700억 개의 신경세포가 모여 있다. 소뇌 표면에는 소뇌피질이 있어 3층 구조를 이루고 있다. 그중에서 푸르키네 세포Purkinje cell는 운동의 섬세한 제어와 학습에 중요한 역할을 한다. 대뇌가 운동 명령을 내리기만 해도 근육은 움직이지만, 여러 근육이 협조하여 유연하게 움직이는 것은 소뇌의 작용 덕분이다. 또한 소뇌는 운동 중에도, 움직임이 올바른지를 체크하여 수정하며, 학습을 통한 운동 패턴을 기억하여 운동을 잘하게 하기도 한다.

생명을 잇는 뇌간

대뇌와 척수 사이에는 간뇌와 뇌간이 있다. 간뇌는 후각 이외의 감각 정보를 대뇌로 보내는 시상과, 자율신경과 호르몬 분비를 담당하는 시상하부로 이루어져 있다.

뇌간은 중뇌, 뇌교腦橋, 연수로 이루어져 있으며 호흡, 심박, 혈압 등을 조절하는 동시에 온몸의 지각신경으로부터의 신호나 운동신경으로 보내는 신호의 통로다. 우리가 잠을 잘 때도 호흡을 할 수 있는 것은 뇌간의 작용 덕분이며, 뇌간에 문제가 생기면 의식을 잃고 죽음에 이를 위험까지 있다.

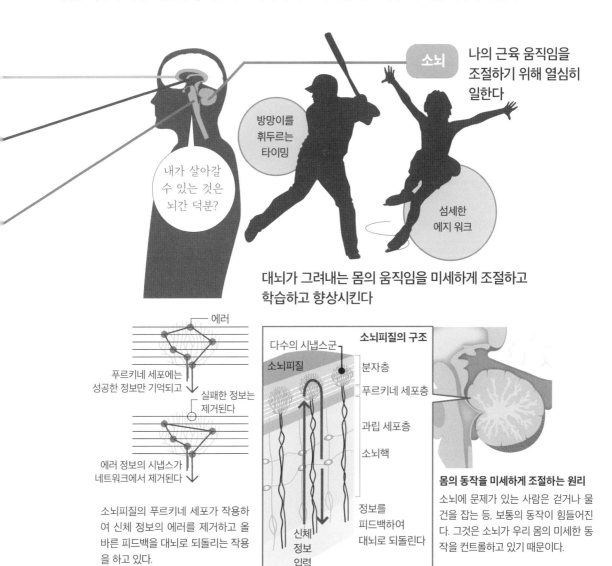

소뇌 — 나의 근육 움직임을 조절하기 위해 열심히 일한다

방망이를 휘두르는 타이밍

내가 살아갈 수 있는 것은 뇌간 덕분?

섬세한 에지 워크

대뇌가 그려내는 몸의 움직임을 미세하게 조절하고 학습하고 향상시킨다

에러

푸르키네 세포에는 성공한 정보만 기억되고

실패한 정보는 제거된다

에러 정보의 시냅스가 네트워크에서 제거된다

소뇌피질의 푸르키네 세포가 작용하여 신체 정보의 에러를 제거하고 올바른 피드백을 대뇌로 되돌리는 작용을 하고 있다.

소뇌피질의 구조

다수의 시냅스군

소뇌피질

분자층

푸르키네 세포층

과립 세포층

소뇌핵

신체 정보 입력

정보를 피드백하여 대뇌로 되돌린다

몸의 동작을 미세하게 조절하는 원리
소뇌에 문제가 있는 사람은 걷거나 물건을 잡는 등, 보통의 동작이 힘들어진다. 그것은 소뇌가 우리 몸의 미세한 동작을 컨트롤하고 있기 때문이다.

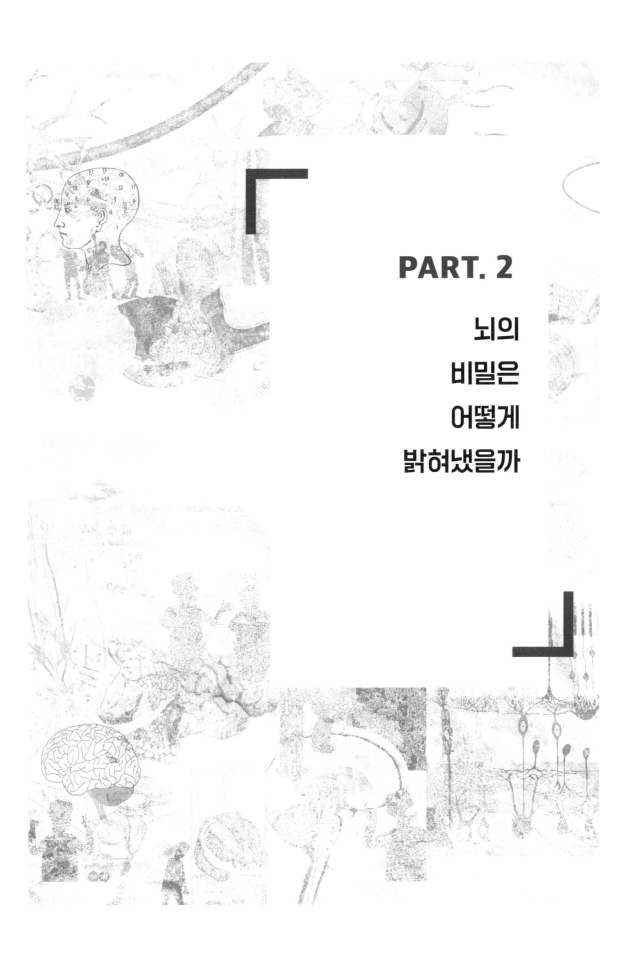

PART. 2

뇌의
비밀은
어떻게
밝혀냈을까

악인은 두개골로 알 수 있다!?
골상학에서 근대의 뇌과학이 시작되다

마음이 깃드는 곳은 심장일까, 뇌일까

인류는 문명의 시작과 더불어 마음이 몸의 어디에 있을지 끊임없이 탐구해 왔다. 기원전 1700년 무렵의 고대 이집트 사람들은 인간의 영혼이 심장에 깃든다고 생각하여 파라오의 시신을 미라로 만들 때 뇌와 장기를 제거하고 심장만 남겼다.

마음이 뇌에 있다고 최초로 주장한 사람은 기원전 5세기의 그리스 의사 히포크라테스였다. 기원전 4세기의 철학자 플라톤도 뇌야말로 정신 작용의 원천이라고 생각했지만, 그의 제자인 아리스토텔레스는 마음은 심장에 있으며 뇌는 심장의 열을 식히는 장치라고 보았다.

처음으로 인체 해부를 토대로 뇌를 해명하려고 시도한 사람은 해부학자인 헤로필로스 Herophilos이다. 그는 뇌가 신경계의 중추이며 지성이 있는 곳임을 밝혀냈다.

그러나 기원후에 퍼진 기독교가 인체 해부를 금지했으므로 의학 연구는 오랫동안 정체되었다. 2세기의 외과의사 갈레노스Galenos는 뇌의 빈 공간으로 정기精氣가 흘러서 인간의 행동을 제어한다고 생각했지만, 그의 이론은 동물 해부를 토대로 한 것이었다.

17세기 프랑스의 철학자 데카르트는 마음과 몸은 별개라는 '심신이원론'을 주장했다. 여기서부터 마음이 뇌에서 떨어져나와 마음 연구가 심리학으로 발전해갔다. 한편, 이 무렵에는 이미 인체 해부 금지가 풀려서 뇌의 과학적 연구도 시작되고 있었다.

18세기 말에 독일의 의학자 프란츠 요제프 갈Franz Joseph Gall은 해부학의 관점에서 인간의 마음을 과학적으로 연구하려고 시도하여 골상학이라는 학설을 들고 나왔다. 뇌는 다양한 정신 활동에 대응하는 기관으로 이루어져 있으며 사람에 따라 발달한 기관이 다르므로 그것이 두개골의 크기나 형태로 나타난다는 주장이다. 한마디로, 두개골을 보면 그 사람의 성격까지 알 수 있다고 생각한 것이다.

이런 생각에 자극을 받은 이탈리아의 의사 체사레 롬브로소Cesare Lombroso는 범죄자는 선천적인 존재이며, 머리 모양을 보면 알 수 있다고까지 단언했다. 그 후 골상학은 다윈의 진화론과 결합되어 결함이 있는 인간을 배제하고 우수한 인간만을 남긴다는 위험한 사상을 낳게 된다.

골상학은 많은 문제가 있었지만 요제프 갈이 주장한, 뇌가 부위별로 다른 기능을 가졌다는 생각은 그 후의 뇌기능 국재론Theory of localization of brain function으로 계승된다.

고대인들도 뇌에 관해 생각했다

그리스의 철학과 과학이 사람들의 관심을 마음으로 향하게 했다. 의학자들은 다양한 주장을 펼쳤다.

사람의 마음은 어디에 있을까?

"우리는 뇌로 사고하고 있다."

의사 히포크라테스
(기원전 460~기원전 370 무렵)
의학을 경험과학으로 발전시킨 '의학의 아버지'. 의사의 윤리를 제시한 '히포크라테스 선서'는 오늘날에도 이어지고 있다.

"뇌는 정신
작용의
원천이다."

철학자 플라톤
(기원전 427~기원전 347 무렵)

그러나 아리스토텔레스는
얼토당토않은 말을 했다.

"마음은
심장에 있다.
뇌는 그것의
냉각 장치다."

그리고, 뇌를 실제로
해부한 사람이 등장

의학자 헤로필로스
(기원전 335~기원전 280)
인체를 해부하여 뇌가 신경의
중심이라는 것을 알아냈다.

**그런데, 크리스트교가
인체 해부를 금지
여기서 인간의
뇌연구는 멈춘다**

의학자 갈레노스
(129~200 무렵)

갈레노스는 동물을
해부하여 뇌연구를
계속했다.

"나는 생각한다
고로
존재한다"

르네 데카르트
(1596~1650)

**데카르트의
심신이원론 등장**

철학자 · 수학자인 데카르트는 물의 힘으로 움직이는
자동장치를 참고하여 몸이 기계의 역할으로 움직인다
고 보고, 마음과는 다른 것으로 보았다.

**프로이트의
임상심리학으로
이어진다**

물질로서의 뇌의 기능을
떠나서 마음을 고찰하는
심리학이 태어난다.

마음
과
몸

**마음과
몸의 분리**

자세한
것은
37쪽

18세기가 되자 다시 인체 해부 허용

19세기 말에 몸(물질)이
마음을 결정한다는
이론이 등장

그리고 골상학이 탄생

요제프 갈은 뇌가 빛깔, 소리, 언어,
명예, 우정, 예술, 살인, 절도 등 정신
활동에 관여하는 27개의 기관으로
구성되어 있다고 주장했다.

프란츠 요제프 갈
(1758~1828)

독일의 의학자. 뇌를 해부하여
대뇌생리학 분야에서 많은 발
견을 했다. 훗날 다양한 뇌를
비교 연구하여 골상학의 기초
를 만든다.

선천적 범죄자 가설의 근거가 되고

악인은 머리 형태로 알 수 있다!!

이탈리아의 정신의학자. 골상학, 인류학, 유전
학, 통계학, 사회학을 이용하여 인간의 신체적
특징과 범죄의 상관성을 연구했다.

예를 들면 그는 이렇게 말한다.
"네안데르탈인 같은 두개골을 가진 인간은, 원
시인 선조로 거슬러 올라가는 특징을 가지며,
범죄에 물들기 쉽다."

범죄인류학의 아버지
체사레 롬브로소
(1835~1909)

범죄학으로 이어진다

갈의 대뇌피질 기관학

마음의 정신 · 인지 기능의 특징은
대뇌의 피질에 의해 생긴다. 대뇌
피질은 그 기능을 담당하는 부분
이 성장한다. 두개골은 이와 같은
뇌 성장의 특징을 정확하게 나타
내고 있다고 생각했다.

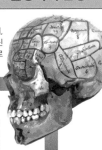

**뇌기능
국재론의
시작**

영향을 주고받다

**진화론으로
이어진다**

찰스 다윈
(1809~1882)

영국의 자연과학자. "하층계급에 아이
들이 많은 것은 문제. 모범적인 사람
들의 아이가 많아져야 마땅하다."고 주
장했다.

프랜시스 골턴 (1822~1911)

다윈의 종형제. 통계학자. 재능은
거의 유전된다고 주장. 인간도 가
축의 품종개량과 마찬가지로, 좋
은 유전자가 계승되면 좋은 사회
가 이루어진다고 생각했다.

**우생학을
낳는다**

약자나 장애인을 사회에서
배척하는 사상으로

나치 독일의 인종적
우생학으로 이어진다

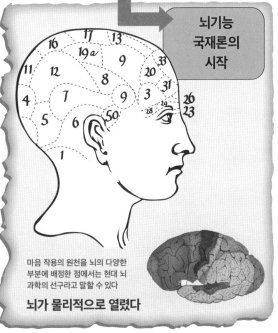

마음 작용의 원천을 뇌의 다양한
부분에 배정한 점에서는 현대 뇌
과학의 선구라고 말할 수 있다

뇌가 물리적으로 열렸다

사고나 질병에서 발견된
뇌의 다양한 영역의 구조와 작용

뇌를 다친 사람들, 연구 대상이 되다

'뇌는 뇌 전체에서 모든 작용을 하는 것이 아니라, 부위별로 다른 기능을 가진 건 아닐까?' 그런 뇌기능 국재론이 과학적으로 실증되는 계기가 된 것은 미국 청년 피니어스 게이지Phineas P. Gage의 증례였다.

1848년, 철도 공사 중에 폭발 사고가 일어나 현장감독을 맡고 있던 게이지의 머리를 약 1미터 길이의 쇠막대가 관통하는 사고가 일어났다. 머리에 커다란 구멍이 뚫리고 전두엽 일부가 손상되는 큰 부상을 입었지만 게이지는 기적적으로 회복한다. 왼쪽 눈을 실명했지만 대화나 계산도 가능했고 기억력도 떨어지지 않았고 뚜렷한 후유증도 없었다. 변한 것은 단 한 가지, 인격이었다.

사고를 당하기 전에는 성실하고 책임감이 강했던 그가 사고 후에는 변덕스럽고 무례한 성격으로 한

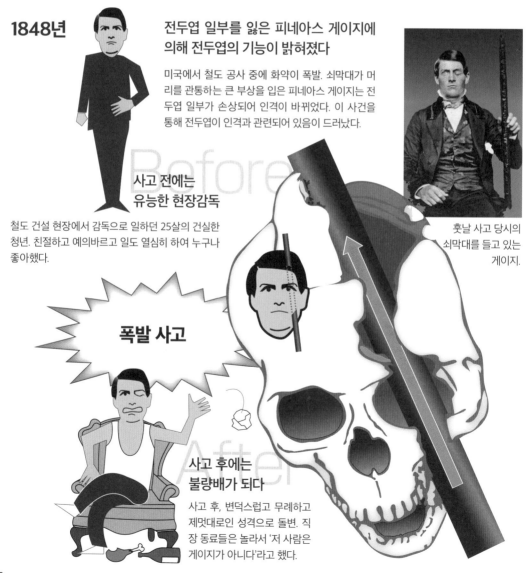

1848년

전두엽 일부를 잃은 피네아스 게이지에 의해 전두엽의 기능이 밝혀졌다

미국에서 철도 공사 중에 화약이 폭발. 쇠막대가 머리를 관통하는 큰 부상을 입은 피네아스 게이지는 전두엽 일부가 손상되어 인격이 바뀌었다. 이 사건을 통해 전두엽이 인격과 관련되어 있음이 드러났다.

Before

사고 전에는
유능한 현장감독

철도 건설 현장에서 감독으로 일하던 25살의 건실한 청년. 친절하고 예의바르고 일도 열심히 하여 누구나 좋아했다.

훗날 사고 당시의
쇠막대를 들고 있는
게이지.

폭발 사고

After

사고 후에는
불량배가 되다

사고 후, 변덕스럽고 무례하고 제멋대로인 성격으로 돌변. 직장 동료들은 놀라서 '저 사람은 게이지가 아니다'라고 했다.

순간에 변해버린 것이다. 그래서 게이지가 잃어버린 왼쪽 전두엽이 인격과 어떤 관계가 있는 건 아닐까, 생각하게 되었다.

19세기 후반에 언어 장애를 가진 사람의 뇌를 사후 해부하여 언어를 담당하는 뇌 영역이 잇따라 밝혀졌다. 프랑스의 뇌외과의사 폴 브로카Paul Broca는 실어증 환자의 뇌에는 왼쪽 전두엽 일부에 손상이 있는 것을 밝혀내고, 이 영역이 언어 구사를 담당하는 운동성 언어 중추라고 결론 내렸다. 한편, 독일의 뇌외과의사 칼 베르니케Carl Wernicke는 언어를 이해하지 못하는 사람의 왼쪽 측두엽 일부에 손상이 있었던 데에서, 이 영역이 언어 이해를 담당하는 감각성 언어 중추라고 보았다. 각 영역은 발견한 사람의 이름을 따서 '브로카 영역'과 '베르니케 영역'이라고 이름 붙여졌다.

20세기 중반에는 제2차 세계대전에서 뇌에 손상을 입은 많은 병사의 증례가 보고되기도 하고, 뇌전증을 치료하기 위해 해마를 제거한 환자에게 기억 장애가 나타난 증례를 통해 해마가 기억과 관련된 부위라는 것도 알게 되었다. 이리하여 뇌의 부위별 기능이 차츰 밝혀졌다.

1861년
'탄'이라는 말밖에 하지 못하는 사람의 뇌에서 브로카 영역 발견

폴 브로카 (1824~1880)

프랑스의 뇌외과의사 · 해부학자. 언어는 이해할 수 있지만, '탄tan'이라는 말밖에 하지 못하는 환자의 뇌를 조사하여 전두엽 일부에 발성을 담당하는 영역이 있다는 것을 발견. '브로카 영역'이라고 이름 붙여졌다.

1874년
말은 할 수 있지만 언어를 이해하지 못하는 사람의 뇌에서 베르니케 영역 발견

칼 베르니케 (1848~1905)

독일의 뇌외과의사 · 신경학자. 언어를 이해하지 못하는 사람의 측두엽 일부가 손상되어 있는 것을 보고 뇌에는 언어의 이해를 담당하는 영역이 있다는 것을 발견. '베르니케 영역'이라고 이름 붙여졌다.

언어와 뇌의 관계가 밝혀지다

브로카 영역

베르니케 영역

해마

1953년
해마를 절제한 사람의 병례에서 기억과 해마의 연관성 발견

헨리 몰레이슨의 증례

27살에 해마가 절제된 헨리 몰레이슨은 2008년에 82살로 사망할 때까지 뇌과학자들의 연구에 협력했다.

뇌전증 발작을 억제하기 위해 수술을 받고 해마를 절제. 뇌전증 발작은 가라앉고 수술은 성공했지만……

몇 년 전 기억 ✕

새로운 기억 ✕

그 이전의 기억 OK

그런데……

몸으로 기억한 기억 OK

거울에 비친 도형을 따라 그리는 실험을 반복하자, 이전 실험의 기억이 없음에도 그림 솜씨는 좋아졌다!

몸으로 기억하는 것과 머리로 기억하는 것은 별개일지도 몰라.

옛날 기억은 해마 이외의 장소에 있을 것 같군.

31

뇌는 전기로 작동한다
전기생리학에서 시작된 실증 실험의 시대

전기를 이용한 실험의 시작

앞에서는 뇌에 손상을 입은 사람들의 증례를 통해 뇌기능을 탐구한 시도를 소개했는데, 이 방법에는 한계가 있었다. 손상된 부위와 잃어버린 기능에 확실한 관계가 있다는 것까지밖에 알 수 없었기 때문이다. 뇌의 각 부위가 각각의 기능을 실현하는 상세한 구조까지 알아내려면 정상이고, 심지어 살아 있는 뇌를 조사할 필요가 있었다. 그것을 가능하게 한 것이 전기생리학의 등장이다.

18세기 말에 이탈리아의 해부학자 갈바니Luigi Galvani는 개구리를 이용한 실험을 통해 전기 자극에 의해 근육이 수축하는 것을 발견했다. 생물의 체내에서 전기 활동이 일어나는 것을 알게 되었고, 여기서부터 전기생리학이 시작되었다.

19세기 후반에는 독일 의사 히치히Eduard Hitzig 등이 뇌의 특정 부위에 전류를 흘려보내면 몸의 어느 부분이 움직이는지를 조사하는 동물 실험을 했다. 미국의 의사 바솔로Roberts Bartholw는 마침내 인간의 뇌를 사용하여 똑같은 실험을 했다(메리 래퍼티라는 30살 여성 환자를 대상으로 한 실험으로, 메리의 머리뼈에 뚫린 구멍을 통해 두정엽이 고동치는 모습을 보았다. 바늘 모양의 두 전극을 회색질에 밀어넣고 재봉틀 발전기로 전기 자극을 주자 심하게 발작했고, 며칠 뒤 목제 캐비닛 발전기로 시험하려 하자 트라우마로 발작하여 메리는 사망했다. 비윤리적 실험으로 꼽힌다 - 옮긴이). 이런 실험의 결과, 뇌가 부위별로 서로 다른 기능을 가졌다고 생각하는 뇌기능 국재론이 차츰 우세해졌고 20세기 전반에는 미국 뇌신경외과의사 펜필드Wilder Penfield가 뇌기능 분포도를 만들게 되었다.

그러나 뇌기능 국재론에는 위험한 측면도 있었다. 뇌의 일부를 외부에서 작동시키면 동물이나 인간을 마음대로 조종할 수 있다고 생각하는 사람도 나타났기 때문이다. 스페인 뇌과학자 델가도José Manuel Rodríguez Delgado가 개발한 뇌에 심는 칩도 그런 것 중 하나였다.

1791년

루이지 갈바니 (1737~1798)

이탈리아 해부학자·생리학자. 개구리를 이용한 실험을 통해 전기생리학의 기초를 만든다.

루이지 갈바니로부터 전기생리학이 시작된다

해부 실험을 할 때, 개구리 다리에 두 종류의 금속을 대자 근육이 경련하는 것을 발견. 이것을 동물전기라고 이름 붙이고 1791년에 발표. 전기와 근육 수축에 관계가 있음을 밝혀내서 많은 학자가 생체 전기 연구를 시작하는 계기가 되었다.

1870년

에두아르트 히치히 등이 개의 뇌를 사용하여 전기 실험

개의 대뇌의 다양한 장소에 전류를 흘려보내자 다리, 얼굴, 목 등 특정 부위가 반응

뇌에는 몸의 부위별로 근육을 움직이는 장소가 있다!

에두아르트 히치히
(1838~1907)

독일 의사. 해부학자 구스타프 프리치Gustav Fritsch와 함께 살아 있는 개의 뇌를 이용한 실험을 하여 전두엽에 운동 영역(운동을 제어하는 영역)이 있다는 것을 밝혔다.

뇌의 전기 변화를 측정하는 뇌파의 발견

    20세기 전반에는 뇌연구에 또 하나의 진전이 있었다. 그것은 뇌파의 발견이다. 뇌파란 뇌의 활동에 의해 생기는 전기 변동을 표시한 것이다. 1924년에 독일 정신과의사 베르거Hans Berger가 발견했는데, 다른 연구자들은 '의미 없는 노이즈'라고 일축하며 거들떠보지도 않았다. 그러나 영국의 권위 있는 전기생리학자 에이드리언Edgar Adrian이 공개 실험을 통해 뇌파의 존재를 증명해보이자 마침내 인정받게 되었다.

    뇌파는 두부의 외부에서 측정하므로 인체에 해가 없으며, 뇌의 이상을 조사하는 데 효과적인 방법으로 오늘날에도 이용되고 있다.

1874년

로버츠 바솔로가 마침내 인간의 뇌로 실험

미국의 의사 로버츠 바솔로는 악성 종양 때문에 두부에 구멍이 뚫린 여성 환자의 뇌에 전기 자극을 주는 실험을 실시. 히치히와 프리치의 개 실험과 같은 성과를 얻는다.

1930년대 와일더 펜필드가 뇌기능 분포도를 만든다

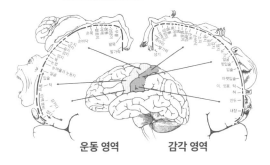

운동 영역   감각 영역

와일더 펜필드 (1891~1976)
미국·캐나다 뇌신경외과의사. 뇌전증 환자의 뇌외과 수술의 선구자이며, 뇌외과학과 신경과학 발전에 공헌했다.

펜필드는 뇌의 어떤 부분이 몸의 어떤 부분과 대응하는지를 나타낸 뇌기능 분포도를 만들었다.

1924년

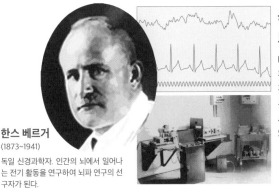

한스 베르거가 뇌파를 측정하다

베르거는 인간의 뇌 활동에 의해 일어나는 전위의 변화를 기록하는 데 성공한다. 왼쪽 사진은 당시의 뇌전도와 뇌파 측정 장치.

한스 베르거 (1873~1941)
독일 신경과학자. 인간의 뇌에서 일어나는 전기 활동을 연구하여 뇌파 연구의 선구자가 된다.

1934년 에드거 에이드리언이 뇌파의 존재를 증명하다

에드거 에이드리언 (1889~1977)
영국 전기생리학자. 신경세포의 기능에 관한 연구로 1932년 노벨 생리의학상을 받았다. 베르거의 연구를 추가로 실험하여 당시 받아들여지지 않았던 뇌파를 증명했다.

호세 델가도 (1915~2011)
스페인 뇌과학자. 미국으로 건너가 예일대학 교수가 된다. 스티모시버stimoceiver를 발명했지만 격렬한 비판을 받는다.

1960년대

호세 델가도가 뇌에 심는 칩을 개발하여 비난을 받았지만……

델가도는 심는 칩인 '스티모시버'를 동물의 뇌에 심고, 리모콘으로 신호를 보내서 자유자재로 조종했다. 인간을 세뇌하는 장치라고 비난받았지만, 뇌 질환 치료나 폭력 행위 억제 등에 응용되었다.

스티모시버

뇌세포를 보는 기술의 등장과
뉴런을 둘러싼 논쟁

신경세포의 모습을 밝혀낸 골지 염색

19세기 전반, 현미경 덕분에 생물의 기본 단위가 세포라는 것이 밝혀졌다. 사람들은 뇌도 세포로 이루어져 있다는 것을 처음에는 믿지 않았지만, 얀 푸르키네Jan Evangelista Purkyně가 뇌(소뇌)에서 커다란 세포를 발견하여 뇌연구에도 현미경을 이용한 세포 수준의 연구가 시작되었다.

세포는 현미경으로 확대해서 보면 뚜렷한 형태가 보이지 않으므로 색깔을 입혀서 관찰하는 방법을 쓰게 되었다. 그러나 뇌의 신경 조직은 복잡하게 얽혀 있으므로 염색을 하면 오히려 형태를 잘 알아볼 수 없었다.

거기에 새로운 바람을 불어넣은 사람이 이탈리아의 의사 카밀로 골지Camillo Golgi이다. 1873년, 그는 질산은과 다이크로뮴산칼륨Potassium dichromate의 반응을 이용해 한정된 세포를 검게 염색하는 데 성공했다. 이 방법은 훗날 '골지 염색'이라고 불리게 된다. 골지 염색은 신경세포의 세포체에서 가지돌기가 여러 개 뻗어 나와 다른 신경세포와 연계하고 있는 상태를 뚜렷하게 보여주었다. 골지는 신경세포들이 돌기에 의해 서로 연결되어 네트워크를 만들고 있는 건 아닐까, 생각하여 '망상설網狀說'을 주장한다.

망상설 vs 뉴런설

1887년, 한 이름 없는 의사가 골지 염색을 알게 되어 신경세포의 해명이 크게 진전했다. 스페인 의사 산티아고 라몬 이 카할Santiago Ramón y Cajal은 골지 염색을 시도하다가 현미경 안의 아름다운 세포 형상에 매혹되었다.

당시 연구자들은 현미경으로 본 것들을 직접 스케치했는데, 원래 화가 지망생이었던 카할은 세세한 곳까지 자세히 관찰하여 세밀한 세포도를 그려냈다. 그때 그는 신경세포와 신경세포 사이에 아주 작은

세포가 너무 다닥다닥 붙어 있어서 정확한 모양을 모르겠어.

이런 현미경 영상이

전자현미경 출현 이전 신경과학자를 고뇌하게 했던 것은……

카밀로 골지
(1843~1926)

이탈리아 내과의사. 골지 염색이라고 불리는 염색법의 아버지. 뇌는 신경세포에 의해 그물눈 모양 (망상)의 네트워크를 형성하고 있다고 생각했다.

카밀로 골지가 신경 염색법을 발명하여 신경세포가 가시화되다

틈이 있는 것을 알아차리고 모든 신경세포는 연결되어 있다는 골지의 주장이 틀릴 수도 있다고 생각하게 되었다. 그리고 신경세포는 각각 독립해 있다는 '뉴런설'을 주장했다.

1891년 독일 해부학자 하인리히 발다이어Heinrich Wilhelm Gottfried von Waldeyer-Hartz는 신경세포 단위를 '뉴런'이라고 이름 지었는데, 카할은 이 뉴런 연구 실적을 논문으로 정리하여 주목을 받게 된다.

1906년, 골지와 카할은 각각의 업적을 인정받아 나란히 노벨 생리의학상을 받았다. 하지만 수상 강연에서도 골지는 망상설, 카할은 뉴런설을 주장하여 정면으로 대립했으며 악수도 하지 않았다고 한다. 이 대논쟁에 마침표가 찍힌 것은 그로부터 반세기 가까이 지난 1955년이었다. 전자현미경의 등장으로 뉴런이 독립해 있는 것이 명백하게 증명되어 카할의 뉴런설이 완전히 승리한 것이다.

골지 염색을 하면 한정된 세포만 염색되어 뚜렷하게 보인다!

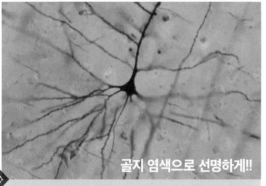

골지 염색으로 선명하게!!

1873년에 골지가 발명. 신경 조직을 다이크로뮴산칼륨과 질산은에 담그면 세포 안이 크로뮴산은silver chromate으로 채워져서 세세한 부분이 뚜렷하게 보인다. 이것을 통해 신경세포가 세포체와 가지돌기로 이루어진 것도 알았다.

골지 염색을 사용하여 뇌신경을 더욱 정확하게 스케치한 산티아고 라몬 이 카할

산티아고 라몬 이 카할
(1852~1934)
스페인 출신의 신경해부학자.
골지 염색에 의한 세포 관찰을 토대로 뉴런설을 세운다.

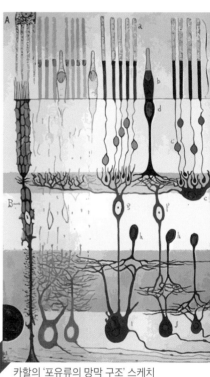

카할의 '포유류의 망막 구조' 스케치

1906년
신경계 기능 연구가 평가받아 노벨 생리의학상 공동 수상

골지
신경세포는 연결되어 있어.

그런데 수상 강연에서도 두 사람의 의견은 대립

카할
아니, 신경세포는 떨어져 있어.

신경세포는 모두 연결되어 있으며, 전체로서 기능한다고 주장한 것이 골지의 '망상설'.

카할은 골지 염색을 습득하여 뇌신경을 현미경으로 관찰. 신경세포는 하나하나 독립되어 있으며, 결합에 의해 기능한다는 '뉴런설'을 주장했다.

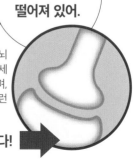

그러나 전자현미경의 등장으로 결론이 났고, 카할이 옳았다!

브로드만이 그린 뇌지도,
뇌기능 국재론의 길잡이가 되다

뇌에 번지수를 붙인 브로드만

33쪽에서 펜필드의 뇌기능 분포도를 소개했는데, 이보다 앞선 것으로, 아래 그림과 같은 '브로드만의 뇌지도'라는 것이 있다. 이것은 독일 의사 코르비니안 브로드만Korbinian Brodmann 이 1909년에 발표한 것이다.

인간 뇌의 가장 큰 특징은 커다란 대뇌를 가진 것이며, 바로 여기에 인간만이 가진 감정이나 사고 등의 수수께끼가 숨어 있을 것이라고 생각되어왔다.

대뇌 표면에 있는 대뇌피질은 6개의 층으로 이루어져 있다(15쪽 참조). 브로드만은 이 6층 구조가 장소마다 다르다는 것을 발견했다. 예를 들면, 어떤 장소에서는 가장 바깥쪽의 층이 두꺼운데, 다른 장소에서는 얇다는 등의 차이가 있다는 것을 알아차렸던 것이다. 그래서 그는 대뇌피질을 자세히 조사하여 구조가 다른 장소를 1부터 52까지 번호를 배정하여 구분했다. 말하자면 뇌라는 지도에 번지수를 붙인 것이다.

브로드만의 뇌지도는 뇌가 부위별로 다른 기능을 담당한다고 생각한 연구자들에게 최고의 길잡이가 되었다. 예를 들면 31쪽에서 말했던 브로카 영역(운동 언어 중추)은 '브로드만 영역 44와 45', 베르니케 영역(지각 언어 중추)은 '브로드만 영역 22'에 해당한다. 이처럼 다양한 실험과 연구를 통해 브로드만의 분류에 따른 각 영역이 각각 다른 기능을 가진 것이 차츰 밝혀졌다.

브로드만의 뇌지도는 오늘날에도 사용되고 있으며, 요즘은 MRI 기술의 발달로 지금까지 특정되지 않았던 새로운 영역이 여럿 발견되어 보다 정확한 뇌지도가 계속 만들어지고 있다.

1909년
코르비니안 브로드만이 대뇌피질 지도를 만든다

코르비니안 브로드만
(1868~1918)

독일 의사. 1901년부터 대뇌를 구분하는 연구를 시작했다. 1905년에 원숭이의 뇌지도를, 1908년에 인간의 뇌지도를 만들었다. '브로드만 뇌지도'는 오늘날에도 뇌연구의 주춧돌이 되고 있다. 오른쪽 그림은 당시 브로드만의 연구실 모습.

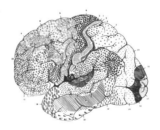

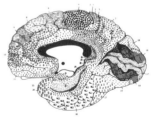

1909년에 발표된 브로드만 뇌지도. 왼쪽은 뇌를 바깥쪽에서 본 그림. 오른쪽은 뇌의 안쪽을 나타낸 그림. 52로 구분되어 있지만 빈 번호가 있으므로 미완성인 것으로 추정된다.

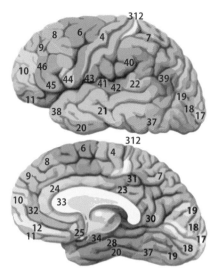

312
8 6
9   4
10 46   40
45 44 43 41 42 22 39
11   38 21   19
20   37   18 17

312
8 6
9   4
10   31 7
24   23
32 33   30   19
12   25 34   18
11   28   17
20 37 18
19

알아보기 쉽도록 영역마다 색깔을 다르게 칠했으며, 오늘날에도 사용되고 있는 브로드만 뇌지도.

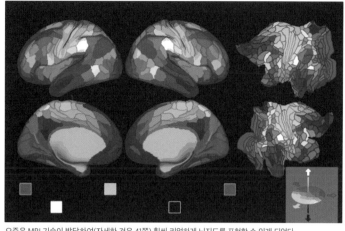

요즘은 MRI 기술이 발달하여(자세한 것은 41쪽) 훨씬 리얼하게 뇌지도를 표현할 수 있게 되었다.

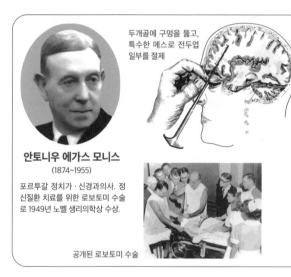

두개골에 구멍을 뚫고, 특수한 메스로 전두엽 일부를 절제

안토니우 에가스 모니스
(1874~1955)

포르투갈 정치가·신경과의사. 정신질환 치료를 위한 로보토미 수술로 1949년 노벨 생리의학상 수상.

공개된 로보토미 수술

뇌기능 국재론의 암흑 로보토미 수술

1935년, 포르투갈 의사 모니스Moniz가 정신질환 치료의 한 방법으로 전두엽백질前頭葉白質 절단술, 즉 로보토미lobotomie 수술을 실시했다. 그는 일부 환자에게 보이는 격렬한 흥분이 전두엽과 시상을 연결하는 신경회로를 차단하면 개선된다고 생각했다.

이 수술은 미국으로 전해져서 신경학자 프리먼에 의해 널리 보급되었다. 제2차 세계대전에서 마음의 병을 얻은 퇴역군인을 비롯해 미국에서 2만 명이나 되는 환자가 수술을 받았다. 그러나 수술 후 폐인처럼 되어버리는 케이스가 잇따르자 비판을 받았으며 1960년대 이후로는 거의 실시되지 않았다.

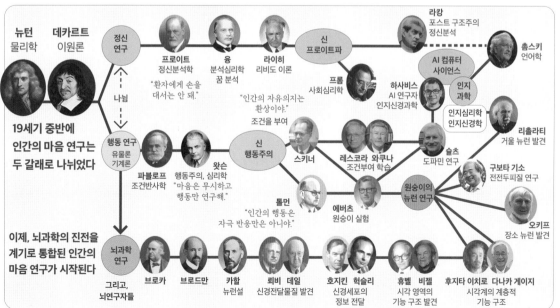

라캉
포스트 구조주의
정신분석

뉴턴
물리학

데카르트
이원론

정신
연구

프로이트
정신분석학
"환자에게 손을
대서는 안 돼."

융
분석심리학
꿈 분석

라이히
리비도 이론

신
프로이트파

프롬
사회심리학

하사비스
AI 연구자
인지신경과학

AI 컴퓨터
사이언스

인지
과학

인지심리학
인지신경학

촘스키
언어학

리촐라티
거울 뉴런 발견

19세기 중반에
인간의 마음 연구는
두 갈래로 나뉘었다

나뉨

"인간의 자유의지는
환상이야."
조건을 부여

행동 연구
유물론
기계론

파블로프
조건반사학

왓슨
행동주의, 심리학
"마음은 무시하고
행동만 연구해."

신
행동주의

스키너

레스콜라 와쿠나
조건부여 학습

슐츠
도파민 연구

원숭이의
뉴런 연구

구보타 기소
전전두피질 연구

오키프
장소 뉴런 발견

톨먼
"인간의 행동은
자극 반응만은 아니야."

에버츠
원숭이 실험

이제, 뇌과학의 진전을
계기로 통합된 인간의
마음 연구가 시작된다

그리고,
뇌연구자들

뇌과학
연구

브로카

브로드만

카할
뉴런설

뢰비 데일
신경전달물질 발견

호지킨 헉슬리
신경세포의
정보 전달

휴벨 비젤
시각 영역의
기능 구조 발견

후지타 이치로 다나카 게이지
시각계의 계층적
기능 구조

신경세포는 어떻게 정보를 전달할까?
전기와 화학물질의 연계가 밝혀지다

신경전달물질이 정보를 릴레이

뉴런설이 우세해진 20세기 전반, 독립된 신경세포들을 연결하는 것은 전기인지, 아니면 화학적인 것인지를 두고 연구자의 의견은 나뉘었다.

1921년 오스트리아 약리학자 뢰비Otto Loewi가 한 가지 중대한 실험을 한다. 그는 두 마리 개구리에서 꺼낸 심장을 준비했다. A의 심장에는 뇌신경이 붙어 있고 B에는 붙어 있지 않았다. A를 용액에 넣고 뇌신경에 전기 자극을 주자 심장의 움직임이 느려졌다. 그것을 꺼내고 같은 용액에 B의 심장을 담그자 역시 심장의 움직임이 느려졌다. 뢰비는 어떤 화학물질이 뇌신경에서 녹아나와 정보를 전달하고 있다고 확신했다.

뢰비의 실험 몇 년 전에 영국의 뇌과학자 데일Henry Hallett Dale은 아세틸콜린이라는 물질이 신경에 작용하는 것을 발견했다. 뢰비가 발견한 미지의 물질이 바로 아세틸콜린이었다. 데일은 그 후의 연구를 통해 신경세포 사이의 전달은 화학물질이 중개하고 있다고 결론 내렸다.

전기의 흐름은 이온이 일으킨다

신경세포 사이의 전달에 화학물질이 관여하고 있다는 것은 판명되었지만, 가느다란 축삭을 여럿 묶은 다발로 실험할 수밖에 없었으므로, 축삭에서 전기가 전달되는 메커니즘은 가설에 그친 상태였다. 1936년, 영국 동물학자 영John Zachary Young이 화살오징어의 거대축삭을 발견하여 신경전달 연구에 가속도가 붙었다. 보통의 신경축삭은 맨눈으로는 절대 볼 수 없을 정도로 가늘지만 오징어의 축삭은 지름이 1밀리미터 정도나 되었던 것이다.

영국 생리학자 호지킨Alan Hodgkin은 동료인 헉슬리andrew huxley와 함께 오징어의 거대축삭을 사용한 실험을 했다. 오징어의 축삭에 미세전극을 달아 세포내의 전위를 측정해보았더니, 세포를 흥분시키자 급격한 전위 변화가 일어났다. 이것을 활동전위活動電位라고 하는데, 호지킨 등은 활동전위가 생기는 원인으로 나트륨설을 세웠다.

당시에 이미 세포막 안쪽은 칼륨 이온, 바깥쪽은 나트륨 이온이 많다는 것이 알려져 있었다. 호지킨 등은 실험을 여러 번 반복하여 흥분하면 나트륨 이온이 세포내로 한꺼번에 유입함으로써 활동전위가 생기는 것을 밝혀내고, 세포의 안과 밖을 가로막은 막에는 이온의 통로가 있다고 생각했다.

이 '이온 채널'의 실체는 후대 연구자들이 밝혀냈다. 이리하여 이온 채널이 차례차례 열려서 전기가 전달되고 전기가 뛰어넘을 수 없는 신경세포 사이의 틈은 신경전달물질이 중개한다는, 신경전달의 전체 메커니즘이 밝혀졌다.

1921년 시냅스 사이를 연결하는 화학물질을 발견

시냅스
여기가
수수께끼였다

이 실험에서는 화학물질이
용액에 녹아서, 그것이 정보를
전달하고 있어.
그 물질이 수수께끼야.

오토 뢰비
(1873~1961)
독일 출신의 약리학자. 오스트리아
에서 연구를 거듭하여 1921년에 신
경전달물질의 존재를 밝혀냈다.

아세틸콜린이
신경에 작용하고 있어.
1914년에 내가 발견했지.

뢰비의 실험

용액풀

뇌신경

**개구리의
심장 A**

전기 자극을 준다   반응

**심장A와
같은
움직임을
보인다**

B

심장 A를 꺼낸다

뇌신경이 없는 심장 B를 넣는다

?
여기에 뭔가가 있다

헨리 핼릿 데일
(1875~1968)
영국 뇌과학자. 아세틸콜린
연구를 통해 시냅스의 화학
적 전달설을 주장했다.

결론
시냅스 사이의 정보 전달은
화학물질(아세틸콜린 등)이
시행하고 있다.

**1936년
두 사람은
노벨 생리의학상을 수상**

1952년 신경세포의 전기적 정보 전달 메커니즘을 발견

앨런 로이드 호지킨
(1914~1998)
영국 생리학자. 오징어의 거대
축삭을 이용하여 신경세포의 흥
분 메커니즘을 밝혀냈다.

오징어의 축삭

오징어의 거대 축삭을
이용한 실험으로 증명

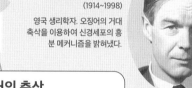

활동전위의
발생을 증명

나트륨

이리하여 활동전위의 발생과
이온 채널 가설을 증명했다.

존 재커리 영 (1907~1997)
영국 동물학자. 오징어의 거대 축
삭을 발견하여 그 후의 신경 연구
발전에 크게 이바지했다.

앤드루 필딩 헉슬리
(1917~2012)
영국 생리학자. 호지킨과 공동
연구로 골격근 수축의 메커니즘
을 밝히는 데에도 공헌했다.

당시 '노벨상은 오징어한테
줘야 한다'는 말도 나왔다

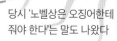

**1963년
오른쪽 두 사람도 노벨 생리의학상을 수상**

20세기, 뇌를 외부에서 보는 기술이
뇌과학을 비약적으로 발전시켰다

컴퓨터를 이용하여 뇌를 영상화하다

1895년에 독일 물리학자 뢴트겐이 X선을 발견하여 인체를 외부에서 진단할 수 있게 되자 물리학이나 의학이 급속히 발전했다. 그러나 뇌처럼 내용물이 겹쳐 있는 장기는 X선으로는 자세히 볼 수 없었다. 뇌 연구가 새로운 차원을 맞이한 것은 컴퓨터가 발달한 20세기 후반의 일이다.

1972년, 영국 전자 기술자 하운스필드Godfrey Hounsfield는 미국 물리학자 코맥Allan Cormack의 이론을 토대로 CT(컴퓨터 단층촬영) 장치를 개발했다. X선과 고도의 컴퓨터 기술을 조합한 CT 덕분에 뇌의 횡단면을 영상화할 수 있게 되었다. 하운스필드와 코맥은 이 업적으로 1979년 노벨 생리의학상을 받았다.

1979년
X선으로 인체의 단층 영상을 얻다

앨런 코맥
(1924~1998)

미국 생리학자. 소립자물리학을 연구하다가 X선 기술을 연구했다.

갓프리 하운스필드
(1919~2004)

영국 전자 기술자. 컴퓨터를 이용한 X선 단층촬영 기술을 개발.

CT의 기본 이론을 완성시킴

CT의 실용적 장치 발명

CT 개발로 하운스필드와 코맥이 노벨 생리의학상 수상

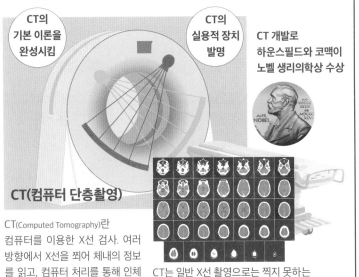

CT(컴퓨터 단층촬영)

CT(Computed Tomography)란 컴퓨터를 이용한 X선 검사. 여러 방향에서 X선을 쬐어 체내의 정보를 읽고, 컴퓨터 처리를 통해 인체를 단층화한 것 같은 영상을 얻을 수 있다.

CT는 일반 X선 촬영으로는 찍지 못하는 부위도 선명하게 찍는다. 그래서 질병을 알아내기 쉬워졌다.

1980년대

체내의 수분에 함유된 수소 이온의 자기공명을 이용하여 인체 내부를 영상화하는 MRI가 개발된다

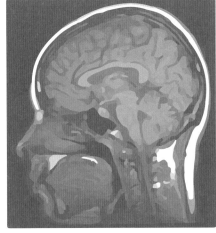

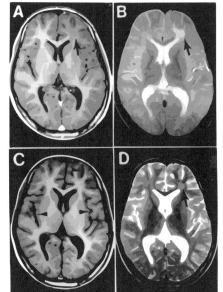

인체에 무해한 MRI의 등장

　1970년대에는 또 하나의 중요한 연구가 진행되고 있었다. 미국 화학자 라우터버Paul Christian Lauterbur가 최초로 원리를 발견하고, 영국 물리학자 맨스필드Peter Mansfield가 실용화 기술을 개발한 MRI(자기공명영상)가 그것이다. MRI는 강한 자기를 이용하여 체내의 수소 이온이 공명하는 상태를 측정해 컴퓨터로 영상화한 것이다. MRI가 뛰어난 점은 CT보다 선명하고 정확한 영상을 얻을 수 있을 뿐만 아니라 방사선을 사용하지 않아 인체에 거의 해가 없다는 점이었다.

　MRI는 1980년대부터 실용화되어 오늘날에는 전 세계 병원에서 질병 진단에 이용되고 있다.

　이 MRI를 이용하여 뇌과학을 더욱 진척시킨 것이 1992년 일본 물리학자 오가와 세이지小川誠二가 개발한 fMRI(기능적 자기공명영상)이다. 이 방법이 획기적인 이유는 뇌의 어떤 부위가 어떤 때에 작용하는지를 볼 수 있다는 점이다. 그 응용 예를 다음 페이지에서 살펴보자.

MRI(자기공명영상)

폴 라우터버
(1929~2007)
미국 화학자. 1973년 「네이처」지에 MRI 기본 원리를 최초로 발표했다.

피터 맨스필드
(1933~2017)
영국 물리학자. 의료용 MRI를 개발하여 실용화의 길을 열었다.

MRI(Magnetic Resonance Imaging)는 자기공명을 이용한 영상 묘출법. 강한 자장과 전자파를 쏘아서 체내의 수소 이온이 발하는 공명전파를 수신하여 컴퓨터로 영상화한다. 방사선을 이용하지 않으므로 인체에 거의 해가 없다.

2003년
라우터버와 맨스필드 노벨 생리의학상 수상

MRI를 발명한 사람은 자신이라고 주장한 레이먼드 다마디언
(1936~)

아르메니아계 미국인 의사. 1971년에 악성 종양을 판별하는 데 핵자기공명의 사용을 시사하는 논문을 발표. 다음해에 특허를 신청했다. 그러나 기술적으로 뒷받침되지 않아 실용화되지 못했다. 노벨상에 관해 라우터버의 수상을 비판했지만, 너무 독선적이라는 비판을 받았다.

1992년
뇌기능 활동을 영상화하는 fMRI가 개발된다

fMRI
(기능적
자기공명영상)

시멘스헬스케어주식회사
3테슬라 MRI 'MAGNETOM Lumina'

(MR 신호의 파형은 이미지)

● 산화헤모글로빈
　(자기 없음)
○ 탈산화헤모글로빈
　(자기 있음)

오가와 세이지
(1934~)
일본 물리학자. 도호쿠후 쿠시대학 특임교수. BOLD법을 확립하여 1992년에 fMRI를 개발했다.

사진 제공 : 도호쿠후쿠시대학

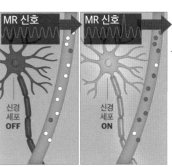

MR 신호	MR 신호	**변한다**

신경 세포 **OFF** ／ 신경 세포 **ON**

이 변화를 읽는다

fMRI(Functional Magnetic Resonance Imaging)는 '기능적 자기공명영상'이라는 뜻. 뇌가 활동하면 산소를 필요로 하여 혈류가 증가한다. 혈액 중의 헤모글로빈은 산소 운반을 마치면 자성이 되어 자장을 왜곡시켜 MR 신호를 약화시킨다. BOLD(Blood Oxygenation Level Dependent)법이라고 불리는 이 현상을 영상화한 것이 fMRI이다.

혈류를 영상화하는 'fMRI'를 통해 인간의 뇌 활동을 보았다!

마음의 움직임도 뇌 활동으로 시각화시킨다

뇌의 신경세포가 활동하면 산소를 공급하기 위해 주변의 가느다란 동맥이 확장하여 부분적으로 많은 산화 혈색소가 흘러든다. 이 산화 혈색소의 농도, 즉 혈류 변화를 MRI 장치를 이용해 영상화한 것이 fMRI(기능적 자기공명영상)이다. 이 방법을 이용하면 뇌의 어떤 영역이 언제 작용하고 있는지 한눈에 알 수 있다. 심지어 방사선을 사용하지 않아 인체에 거의 해가 없으며 뇌기능 연구에 꼭 필요한 방법으로 최근 주목을 받고 있다. 그럼, MRI를 이용하면 실제로 어떤 것을 알 수 있을까?

다마가와玉川대학 뇌과학연구소의 마쓰모토 겐지松元健二 연구실에서는 인간의 주체성을 만들어내는 뇌의 메커니즘을 연구하는데, 그것의 일환으로 fMRI을 이용하여 했던 실험의 한 예가 오른쪽 그림이다.

인간이 뭔가를 할 때는 먼저 동기를 부여하고 목표를 설정하여 그것을 향해 행동한다. 동기부여에는 자기가 하고 싶어서 하는 '내발적 동기부여'와, 어떤 보상을 목적으로 하는 '외발적 동기부여'가 있다. 좋아서 시작한 일도 보상을 받는 것이 목적이 되면 의욕을 잃어버리는 경우가 있다. 이것을 '언더 마이닝 효과'라고 하는데, 이때 뇌에서 무슨 일이 일어나는지 지금까지 거의 알려져 있지 않았다.

거기서 '보상 약속 없음(내발적 동기부여)', '보상 약속 있음(외발적 동기부여)' 그룹으로 나누어 MRI 장치 안에서 같은 과제를 제시했다. 두 그룹 모두 과제에 성공하면 대뇌의 안쪽에 있는 선조체線條體의 활동이 활발해졌다. 그런데, '이제 보상이 없다'고 알리고 같은 과제를 다시 제시하자 '보상 약속 있음' 그룹의 선조체의 활동이 사라져버렸다.

선조체는 의사결정에 관여하는 영역으로 알려져 있었지만, 이 실험을 통해 '의욕'에 관여하는 뇌 네트워크의 핵심을 이루고 있다는 것도 명백해졌다.

이처럼 fMRI는 실체가 없는 인간의 마음이나 의식을 뇌의 활동으로서 파악할 수 있는 획기적인 수단이다. 다만 fMRI도 한계가 있으며, 뇌의 어떤 장소가 어떤 정보 처리에 관여하고 있는지는 알 수 있지만, 신경세포 안에서 무슨 일이 일어나고 있는지는 알 수 없다. 그것은 현실적으로 동물 실험에 의존할 수밖에 없는데, 인간 특유의 것은 인간을 대상으로 조사할 수밖에 없다. 인간과 동물, 양쪽에 대한 접근을 통해 조금씩 틈을 메워가는 작업이 현재 각국에서 이루어지고 있다. 뇌연구의 최전선과 미래에 대해서는 96쪽 이후의 파트5에서 자세히 알아보자.

실험 그룹

14명
보상을 알린
그룹

그룹 A

그룹 B

14명
보상을 알리지 않은
그룹

스톱워치로 실험했다

스톱워치
릴리즈 버튼

스톱워치는
거울에 비친다

스톱워치를 5초, ±0.05 오차
이내에 누르면 성공

그룹 A

실험 1

그룹 B

A 그룹은 성공에 따라
보상을 받는 것을 알고,
B 그룹은 모른다

성적에 따라
보상이 있다

GO!!

전두엽
선조체
중뇌

사람의 '의욕'에 관여하는 뇌 네트워크
와 그 중핵이 되는 선조체. 전두엽으로
부터 행동에 관한 정보를, 중뇌로부터
보상에 관한 정보를 받아들인다. 선조
체는 인간의 행위 가치와 동기부여에
중요한 역할을 한다.

그룹 A

실험 2

그룹 B

A, B 모두 보상이
없다는 것을 알림

GO!!

**실험 시 A, B 두 그룹 모두
선조체가 활성화했다**

언더 마이닝 효과

내발적
동기 → 보상 없음 → 의욕

외발적
동기 → 보상 → 다운!!

**선조체의 활동이
크게 저하!!**

**선조체의 활동
변함없음!!**

실험 3

※ 왼쪽 fMRI 영상 출처 :
Kou Murayama, Madoca, Matsumoto Keise
Izuma and Kenji Matsumoto,
Neural basis of the undermining effect of
monetary reward on intrinsic motivation,
PNAS vol. 107, no. 49, December 7, 2010,
p.20913, Fig.2

그룹 A
2개의 스톱워치
중에서 1개를
고른다

그룹 B
강제로 1개의
스톱워치가
주어진다

GO!!

선택의 자유가 '의욕'을 낳는다

강제된 그룹 B는 실패하면 복내측 전전두피질의 활
동이 단숨에 저하. 자율 선택한 그룹 A에는 변화가
없었다. 즉, 자기결정이 가능했던 그룹은 실패에 굴
하지 않고 '의욕'이 지속되는 것이 판명되었다. 심지
어 성적도 좋았다.

**이들 결과에서 읽을 수 있는 것은 인간의
'의욕'에 선조체와 전전두피질이 크게 관여하고
있다는 것**

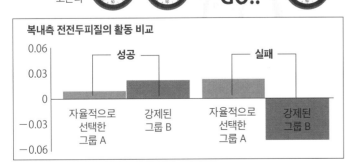

복내측 전전두피질의 활동 비교

	성공		실패	
0.06				
0.03				
0				
−0.03				
−0.06	자율적으로 선택한 그룹 A	강제된 그룹 B	자율적으로 선택한 그룹 A	강제된 그룹 B

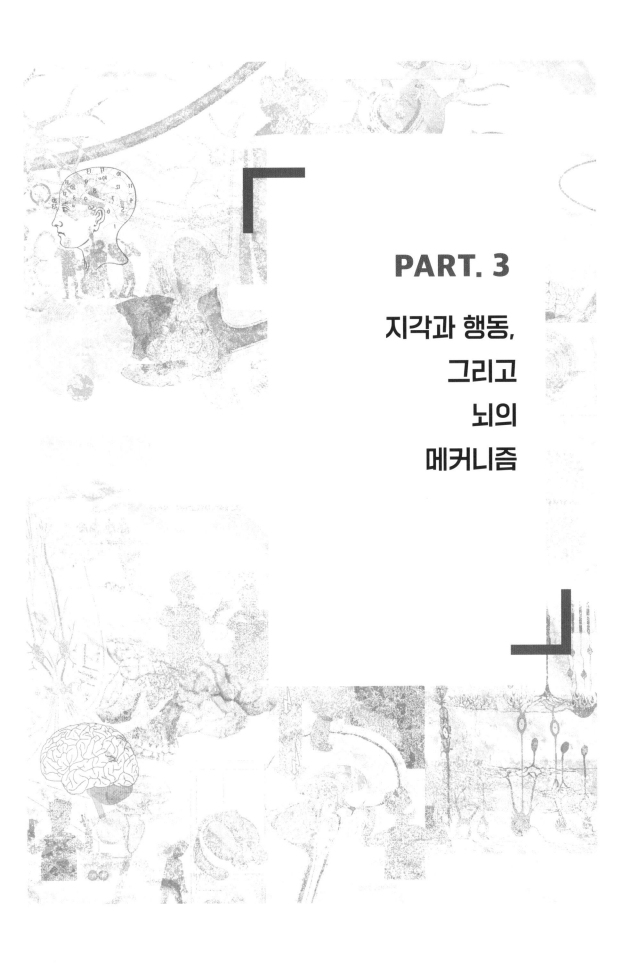

PART. 3

지각과 행동,
그리고
뇌의
메커니즘

눈이 사물을 찍고, 뇌가 '보는' 복잡한 시각 메커니즘

시각 정보는 분해되어 전송된다

우리는 어떻게 사물을 볼 수 있을까? 예를 들어 눈앞에 곰이 나타났다고 해보자. 그러나, 우리의 뇌는 처음부터 그것을 곰으로 파악하는 것은 아니다. 시각의 대상물(이 경우는 곰)은 먼저 빛의 자극으로서 각막에서 수정체를 거쳐 망막에 도달한다.

인간의 망막에는 사물을 보기 위해 작용하는 시세포가 1억 개 이상이나 있으며, 다양한 역할을 담당하고 있다. 시세포 가운데 막대세포는 빛의 명암, 원뿔세포는 빛의 파장(색)을 구별하여 전기 신호로 변환한다. 이 신호가 망막에서 뇌로 전달되는 것인데, 코쪽 망막의 시신경은 하수체 앞에서 좌우로 교차하므로 오른쪽 시야는 좌반구, 왼쪽 시야는 우반구에서 처리된다.

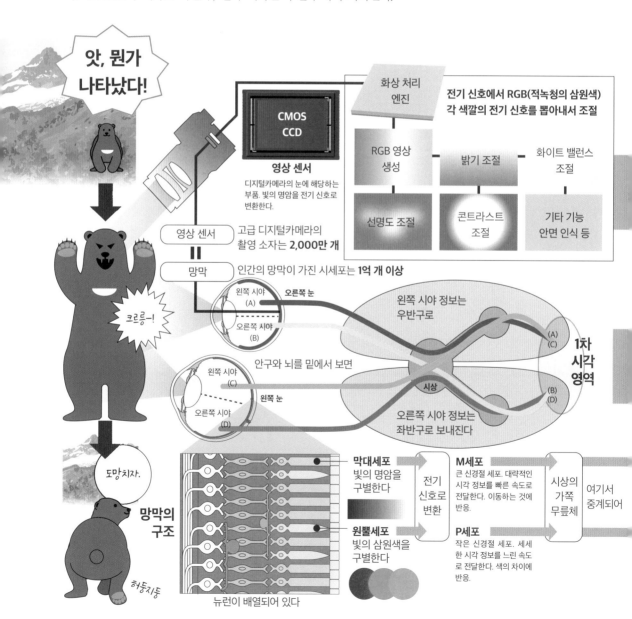

망막에서 뇌로 정보 전달은 주로 M세포(대세포)와 P세포(소세포)가 담당한다. M세포는 대략의 정보를 빨리 전달하고 P세포는 색깔 등의 세세한 정보를 나중에 전달한다. 이것들이 먼저 시상의 가쪽무릎체(외측 슬상체)에 도달하고, 거기에서 후두엽에 있는 1차 시각 영역으로 보내진다.

1차 시각 영역에서 시각 정보는 아직 부품 상태이다. 여기서 정보가 분석되어 색깔이나 형상 정보는 무엇what 경로(또는 배쪽 경로)라고 불리는 경로를 따라서 측두연합영역으로 간다. 한편, 위치나 움직임, 크기에 관한 정보는 어디where 경로(또는 등쪽 경로)를 따라서 두정연합영역으로 전달된다. 그리고 마침내 정보가 통합되어 생생한 곰의 모습이 눈앞에서 인식되는 것이다.

이처럼 시각의 구조는 아주 복잡하다. 이 복잡한 구조를 기계적으로 재현한 것이 카메라인데, 카메라는 영상을 얻는 과정까지만 가능하다. 인간의 뇌는 시각 정보를 해마나 편도체로 보내서 기억이나 감정도 불러일으킬 수 있다. 예를 들면 인간은 곰을 보면 순간적으로 '무섭다', '위험하다'고 느끼며 도망치거나 숨어서 몸을 지키려고 한다. 즉, 뇌는 시각 정보를 지각이나 행위로 변환하는 일도 가능한 것이다.

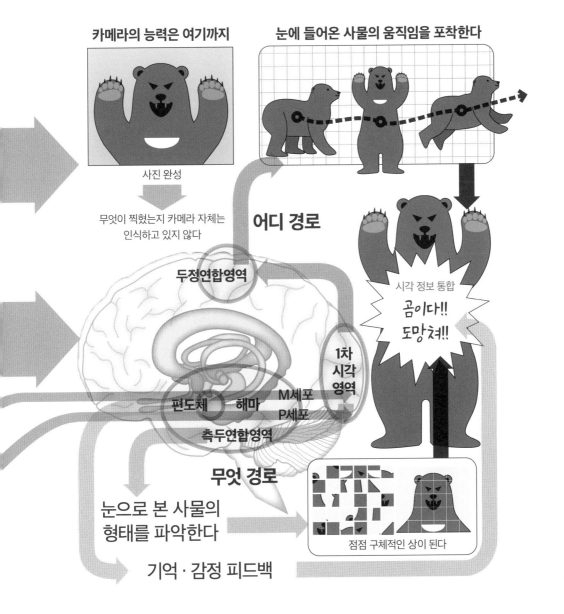

카메라의 능력은 여기까지

사진 완성

무엇이 찍혔는지 카메라 자체는
인식하고 있지 않다

눈에 들어온 사물의 움직임을 포착한다

어디 경로

두정연합영역

시각 정보 통합
곰이다!!
도망쳐!!

1차 시각 영역

편도체   해마   M세포
P세포

측두연합영역

무엇 경로

눈으로 본 사물의
형태를 파악한다

점점 구체적인 상이 된다

기억 · 감정 피드백

뇌는 있는 그대로의 세계를 보여주지 않는다?
놀라운 시각의 비밀

안구가 계속 움직이는 이유는?

우리가 외부 세계에서 받아들이는 정보의 약 80%는 시각 정보라고 한다. 그만큼 방대한 정보량을 처리하는 시각에는 여러 가지 놀라운 점이 있다. 예를 들어 뇌는 빠르게 시각 정보를 처리하는데, 처리에는 0.2~0.3초가 걸린다고 한다. 즉, 우리는 실시간이 아니라 약간 늦게 영상을 보고 있는 것이다.

지금 이 책을 읽고 있는 여러분의 눈은, 글자를 좇아서 다음 줄로 따라가고, 때때로 그림으로 시선을 옮길 것이다. 이처럼 안구가 빠르게 움직이는 것을 '단속안구운동'이라고 한다. 신기하게도, 빠르게 시점을 옮겨도 카메라가 흔들리는 것처럼 우리의 시계가 흔들리는 일은 없다. 이것은 안정된 시각을 얻기 위해 단속안구운동 중에는 뇌가 시각 정보를 차단하고 있기 때문인 것으로 보고 있다.

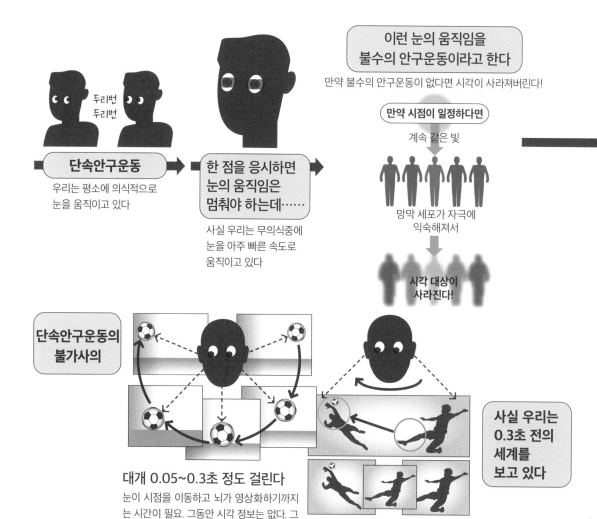

이런 눈의 움직임을 불수의 안구운동이라고 한다

만약 불수의 안구운동이 없다면 시각이 사라져버린다!

만약 시점이 일정하다면

계속 같은 빛

망막 세포가 자극에 익숙해져서

시각 대상이 사라진다!

단속안구운동

우리는 평소에 의식적으로 눈을 움직이고 있다

한 점을 응시하면 눈의 움직임은 멈춰야 하는데……

사실 우리는 무의식중에 눈을 아주 빠른 속도로 움직이고 있다

단속안구운동의 불가사의

대개 0.05~0.3초 정도 걸린다

눈이 시점을 이동하고 뇌가 영상화하기까지는 시간이 필요. 그동안 시각 정보는 없다. 그러나 우리는 끊임없이 세계를 보고 있다. 무슨 일이 일어나고 있는 것일까?

사실 우리는 0.3초 전의 세계를 보고 있다

우리의 뇌는 끊어진 영상의 틈에 이전 영상을 채워넣어 연속한 세계를 만들고 있다.

또한 우리 눈은 한 점을 응시하고 있을 때 무의식중에 계속 움직이고 있다. 이것을 불수의 안구운동(Involuntary Eye Movement, 고시미동)이라고 하며, 자신의 의지로 멈출 수 없다. 앞에서 보았듯이, 뇌는 빛의 자극을 받아서 시각 정보를 처리하고 있다. 그런데 시점이 한 점에 고정되면 망막 세포가 자극에 익숙해져 시각 대상이 사라져버린다. 이것을 막기 위해 안구가 계속 미세하게 움직여서 새로운 자극을 뇌로 보내고 있는 것이다.

이 불수의 안구운동 때문에 착시(눈의 착각)가 일어나기도 한다. 아래쪽의 그림을 지그시 바라보고 있으면 빙빙 돌기 시작하지 않는가? 이것은 그림이 움직이고 있는 것이 아니라 안구가 움직이고 있기 때문이다. 그 밖에도, 같은 크기인데 주위 사물과 대비되어 크기가 달라 보이거나 보일 리가 없는 것이 기억에 의해 보완되기 때문에 보이기도 하는 등 다양한 착시가 생긴다.

애초에 우리는 똑같은 풍경을 보아도 사람마다 다른 것에 초점을 맞춰서 보는 법이다. 뇌가 우리에게 보여주고 있는 것은, 있는 그대로의 세계가 아니라 뇌가 가공한 세계일지도 모른다.

그래서 우리의 눈은 두리번거림으로써

언제나 시점을
어긋나게 하고 있다

빛의 자극이 변화

즉, 계속 응시하고
있다 해도 언제나
두리번거리고 있다

시각을 얻고 있다

그림의 선은 시점 이동을
이미지화한 것

그 결과 불가사의한 일(착시)이 일어난다

그림을 계속 바라보고 있으면 움직이기 시작한다!

분명히 정지해 있는 그림인데, 어른거리거나 회전하고 있는 것처럼 보이는 것은 불수의 안구운동 때문에 안구가 흔들리는 것을 화면이 움직이는 것으로 인식하기 때문이다.

뇌와 시각의 불가사의한 현상

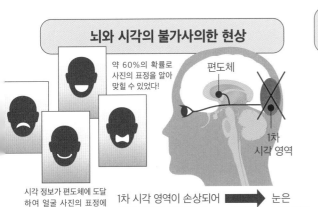

약 60%의 확률로
사진의 표정을 알아
맞힐 수 있었다!

편도체

시각 정보가 편도체에 도달하여 얼굴 사진의 표정에 감정이 반응했다!?

1차 시각 영역이 손상되어 시각 신경이 차단되어도 → 맹시가 생긴다 → 눈은 보고 있다

1차
시각 영역

시력을 잃었는데 분노, 기쁨 등의 표정을 사진에서 읽어낼 수 있었다. 망막으로 들어온 시각 정보가 1차 시각 영역을 거치지 않고 전달되는 경로가 있다고 생각할 수 있다.

편도체가 작용하지 않으면 카그라 증후군이 일어난다!?

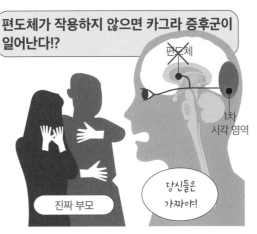

편도체

1차
시각 영역

진짜 부모

당신들은
가짜야!

카그라 증후군Capgras syndrome이란 자신과 가까운 사람들이 가짜라고 믿는 망상이다. 부모의 모습은 제대로 보이지만 편도체 등에 문제가 생기면 감정이 일어나지 않고 시각과 감정이 연결되지 않는다.

귀에서 전달되는 청각 정보를
뇌가 소리로 인식하기까지

주파수별로 소리 정보를 처리

청각의 구조 역시 기본은 시각과 같다. 소리 정보는 소리를 직접 파악하는 기관인 귀에서 뇌로 전달되어 시상의 안쪽무릎체(내측슬상체)를 거쳐서 1차 청각 영역에서 처리된다.

소리의 근본은 공기, 물 등의 매질을 통해 전달하는 진동의 물결, 즉 음파이다. 인간의 귀에는 약 16헤르츠에서 2만 헤르츠의 음파가 들린다. 이 소리 정보가 외이로 들어와서 고막을 진동시킨다. 진동은 3개의 이소골을 차례차례 지나가면서 증폭되고, 더 안쪽에 있는 나선형의 달팽이관으로 보내진다. 진동을 전기 신호로 바꾸는 것이 달팽이관이다.

달팽이관 안은 림프액으로 채워져 있으며, 전달된 공기의 진동이 액체를 진동시킨다. 그러면 달팽이관

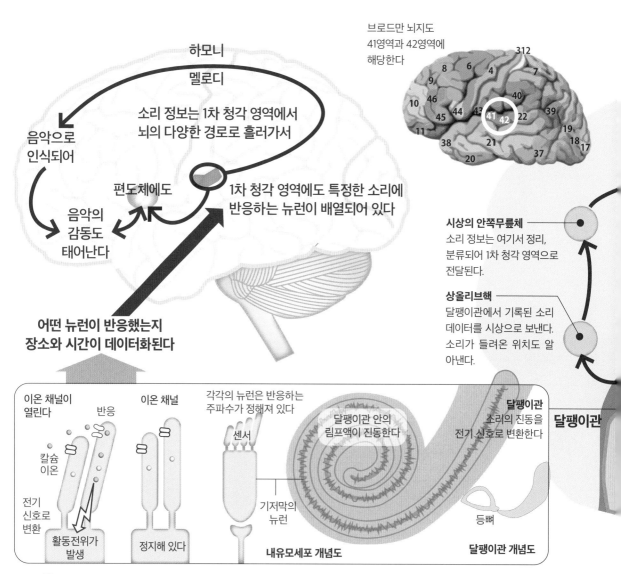

하모니

멜로디

음악으로
인식되어

음악의
감동도
태어난다

편도체에도

소리 정보는 1차 청각 영역에서
뇌의 다양한 경로로 흘러가서

1차 청각 영역에도 특정한 소리에
반응하는 뉴런이 배열되어 있다

브로드만 뇌지도
41영역과 42영역에
해당한다

어떤 뉴런이 반응했는지
장소와 시간이 데이터화된다

시상의 안쪽무릎체
소리 정보는 여기서 정리,
분류되어 1차 청각 영역으로
전달된다.

상올리브핵
달팽이관에서 기록된 소리
데이터를 시상으로 보낸다.
소리가 들려온 위치도 알
아낸다.

이온 채널이
열린다

반응

이온 채널

각각의 뉴런은 반응하는
주파수가 정해져 있다

센서

달팽이관 안의
림프액이 진동한다

달팽이관
소리의 진동을
전기 신호로 변환한다

달팽이관

칼슘
이온

전기
신호로
변환

활동전위가
발생

정지해 있다

기저막의
뉴런

등뼈

내유모세포 개념도

달팽이관 개념도

의 기저막에 있는 내유모세포inner hair cells가 자극을 받는다. 재미있는 것은, 내유모세포는 각각 반응하는 주파수가 정해져 있으며, 달팽이관 입구부터 안쪽으로, 높은 주파수 순서대로 피아노 건반처럼 가지런히 늘어서 있다. 특정 주파수에 반응한 세포는 소리 자극을 전기 신호로 변환한다. 이 신호가 상올리브핵에 도달하면 여기서 좌우의 귀로 들어온 정보가 서로 섞인다.

소리 정보는, 그다음에 시상의 안쪽무릎체를 거쳐서 1차 청각 영역으로 간다. 여기서 마침내 정보가 '소리'로 인식되는 것이다. 1차 청각 영역은 대뇌의 측두엽에 있으며, 브로드만 뇌지도 41, 42영역에 해당한다. 1차 청각 영역의 뉴런도 각각 특정 주파수에 반응하며, 주파수 순으로 배열되어 있다. 하모니, 멜로디, 리듬 등의 복잡한 소리 정보는 더욱 차원 높은 기능을 가진 영역에서 처리된다.

이상이 청각의 전달 경로인데, 우리는 단순히 소리를 듣기만 하지는 않는다. 예를 들면, 무슨 소리인지 생각해내려 한다. 음악을 듣고 마음이 움직인다. 연주자라면, 자신의 연주를 들으면서 수정한다. 이처럼 기억이나 감정, 행위를 담당하는 뇌의 다양한 영역이 연동하여 소리 정보에 깊이감을 더해준다.

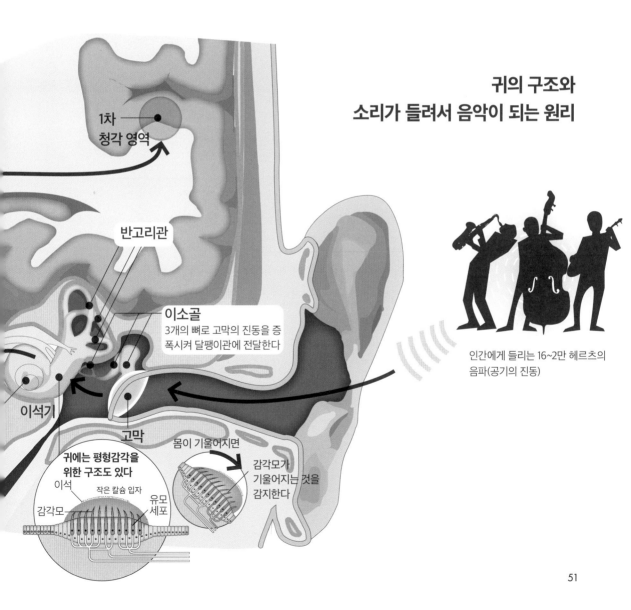

귀의 구조와 소리가 들려서 음악이 되는 원리

1차 청각 영역

반고리관

이소골
3개의 뼈로 고막의 진동을 증폭시켜 달팽이관에 전달한다

이석기

고막

인간에게 들리는 16~2만 헤르츠의 음파(공기의 진동)

귀에는 평형감각을 위한 구조도 있다

이석
작은 칼슘 입자
감각모
유모 세포

몸이 기울어지면

감각모가 기울어지는 것을 감지한다

냄새가 감정을 흔드는 이유는 후각 전달 경로가 특수하기 때문이다

후각은 대뇌에 직접 도달하는 유일한 감각이다

'장미꽃 향기'나 '카레 냄새' 같은 말만 들어도 우리는 그 향기를 실제로 맡고 있는 것처럼 떠올릴 수 있다. 반대로, 희미한 냄새를 맡기만 해도 먼 옛날의 추억이 선명하게 되살아나기도 한다.

이처럼 후각은 오감 가운데 가장 강하게 기억에 남는 것으로 알려져 있다. 그 이유는 냄새의 근원이 뇌로 전달되는 경로가 다른 감각과 다르기 때문이다.

지금까지 살펴본 시각, 청각, 뒤에서 이야기할 미각, 체성 감각은 모두 뇌의 감각 중계센터인 시상을 거쳐서 각각의 감각 영역으로 정보가 보내진다. 그런데 후각 정보는 유일하게 시상을 거치지 않고 대뇌피질이나 그 안쪽에 있는 대뇌변연계에 직접 도달한다. 대뇌변연계에는 기억을 담당하는 해마와 감정을 담당하는 편도체가 있다. 이 특이한 전달 경로가 냄새와 기억, 그리고 기억에서 떠오르는 감정을 강하게 연결하고 있는 것으로 보고 있다.

화학물질을 알아차리는 후각 센서

냄새의 근원은 공중에 녹아든 화학물질이다. 이것이 콧속으로 들어와 후상피嗅上皮 점막에 달라붙으면 후각 센서가 작동하기 시작한다. 후상피에는 후각 센서를 가진 후세포가 있으며, 각각 다른 화학물질에 반응하고, 전기 신호로 변환한다.

인간에게는 396종의 후각 센서가 있는데, 이것은 396종의 냄새밖에 구별하지 못한다는 말은 아니다. 원래 냄새는 화학물질의 집합체이며, 장미꽃만 해도 몇 종류나 되는 화학물질을 분비하고 있다. 이것을 센서가 조각조각 분해하여 파악하는데, 이때 한 개의 화학물질이 여러 개의 센서를 작동시키는 것이 알려져 있다. 그러므로 396종의 센서의 '온/오프' 조합으로, 이론적으로는 몇 천 가지 종류의 냄새를 맡을 수 있다고 한다.

전기 신호는 대뇌 저부의 후구嗅球에서 정보 처리되어 후각 영역이나 후내嗅內 영역 등으로 보내져서 '냄새'로 인식된다. 후각의 구조는 복잡하여 아직 알려져 있지 않은 것이 많은데, 후각 영역에서는 편도체로, 후내 영역에서는 해마로 냄새 정보가 도달하여 정동이나 기억에 작용한다고 추측하고 있다.

자연계에 사는 동물은 인간의 몇 배나 되는 후각 센서를 갖고 있다. 냄새는 먹이를 찾거나 적과 동료를 식별하기 위해 꼭 필요한 감각이다. 진화 과정에서 인간이나 영장류는 시각 능력을 높이고 그만큼 후각 센서의 수가 적어졌을 것으로 추측하고 있다.

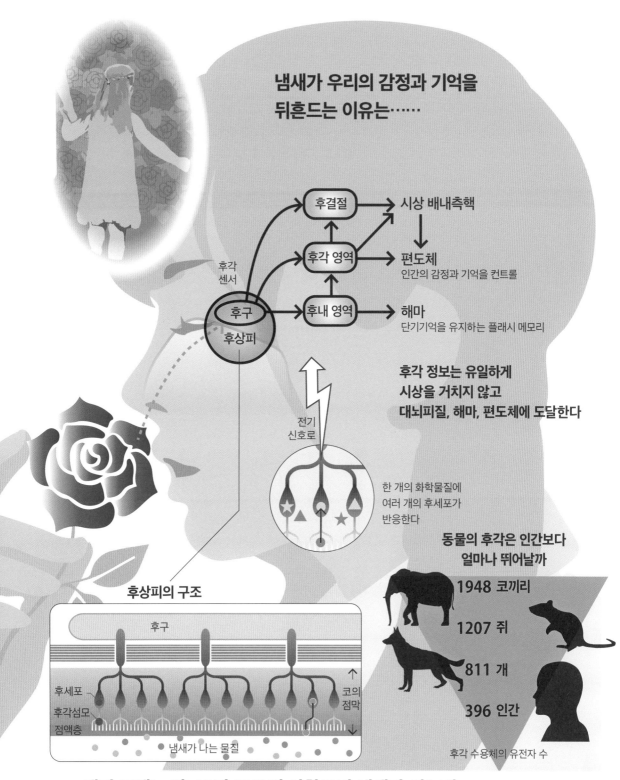

냄새가 우리의 감정과 기억을 뒤흔드는 이유는……

후각 센서

후구
후상피

후각
센서

전기
신호로

후결절 → 시상 배내측핵

후각 영역 → 편도체
인간의 감정과 기억을 컨트롤

후내 영역 → 해마
단기기억을 유지하는 플래시 메모리

**후각 정보는 유일하게
시상을 거치지 않고
대뇌피질, 해마, 편도체에 도달한다**

한 개의 화학물질에
여러 개의 후세포가
반응한다

**동물의 후각은 인간보다
얼마나 뛰어날까**

1948 코끼리

1207 쥐

811 개

396 인간

후각 수용체의 유전자 수

후상피의 구조

후구

후세포
후각섬모
점액층

↑
코의
점막
↓

냄새가 나는 물질

**대기 중에는 약 40만 종류의 화학물질 냄새가 있는데,
인간이 구분할 수 있는 냄새는 약 1,000종류라고 한다.**

'맛있다'고 느끼는 뇌
미각은 모든 감각을 자극한다

미각은 독을 구별하기 위해 진화했다

우리는 왜 음식을 '맛있다'고 느끼거나, '맛없다'고 느끼는 것일까? 원래 미각은 먹어도 되는 음식인지 아닌지를 판단하기 위해 진화한 감각이라고 알려져 있다. 예를 들면 독이 있는 것은 쓰고, 썩은 것은 시큼하다고 느낌으로써 위험한 먹거리를 피할 수 있다. 미각은 몸을 지키는 데 필요한 감각인 것이다.

맛에는 단맛, 짠맛, 쓴맛, 신맛, 감칠맛의 5종류가 있다. 여기에 매운맛이 포함되지 않는 것은 '맵다'고 느끼는 것은 미각이 아니라 입 안의 통증 감각(통각)이기 때문이다.

다섯 가지 기본 맛 가운데, 마지막으로 더해진 것은 20세기 초반에 일본의 화학자가 발견한 '감칠맛'이다. 최근에는 미각 연구가 진행되어 그 밖에도 지방이나 칼슘 등 몇 가지 기본 맛이 있다고 생각되고 있지만, 아직 정확한 것은 알지 못하고 있다.

맛 정보의 복잡한 네트워크

맛을 탐지하는 센서는 '맛봉오리'라고 불리며, 혀뿐만 아니라 위턱이나 목구멍 등에도 있다. 여기서는 혀를 예로 들어 오른쪽 그림에서 나타낸 맛의 전달 경로를 따라가보자.

음식을 씹으면 맛 성분이 타액에 녹아들어 혀에 있는 맛봉오리가 이것을 파악한다. 맛봉오리 속에는 맛세포가 있어서 맛의 자극을 전기 신호로 변환한다. 이때 각각의 맛세포는 5가지 기본 맛 가운데 특정한 맛에 반응하는 것이 알려져 있다.

맛 신호는 연수에서 시상을 거쳐 1차 미각 영역으로 보내지며, 여기서 맛으로 인식된다. 그러나 '맛있음'의 요소는 맛뿐만이 아니다. 맛 정보는 2차 미각 영역으로 보내져서 냄새나 식감, 먹음직스러움 등, 다양한 감각 정보와 통합된다. 또한 편도체에서는 과거의 식사 기억이나 취향과 연결되어 맛있다는 것을 실제로 느끼게 된다. 그러면 신경전달물질이 뇌로 분비되어 행복감이나 만족감이 생기고, 더 먹고 싶다는 욕구가 식사 행동을 촉구한다. 이처럼 뇌의 다양한 영역이 연계함으로써 우리는 맛있는 요리를 맛볼 수 있다.

1908년에 '감칠맛'을 발견한 도쿄제국대학 이케다 기쿠나에池田菊苗 교수.
이케다 교수는 다시마 육수에서 아미노산의 일종인 글루탐산을 발견하여 감칠맛 조미료 '아지노모토'를 만든다.

일본인이 발견한 다섯 번째 맛

감칠맛

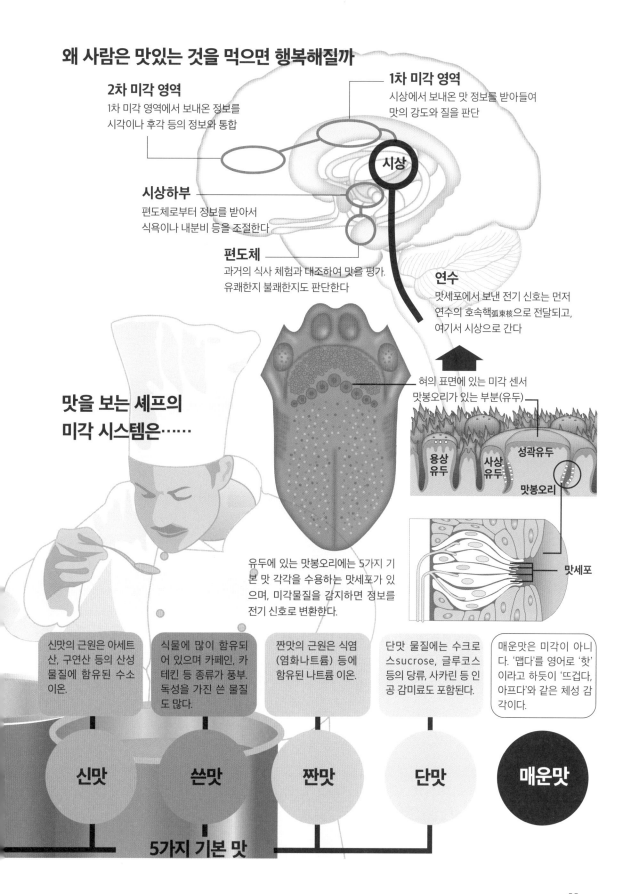

왜 사람은 맛있는 것을 먹으면 행복해질까

2차 미각 영역
1차 미각 영역에서 보내온 정보를
시각이나 후각 등의 정보와 통합

1차 미각 영역
시상에서 보내온 맛 정보를 받아들여
맛의 강도와 질을 판단

시상

시상하부
편도체로부터 정보를 받아서
식욕이나 내분비 등을 조절한다

편도체
과거의 식사 체험과 대조하여 맛을 평가.
유쾌한지 불쾌한지도 판단한다

연수
맛세포에서 보낸 전기 신호는 먼저
연수의 호속핵弧束核으로 전달되고,
여기서 시상으로 간다

혀의 표면에 있는 미각 센서
맛봉오리가 있는 부분(유두)

**맛을 보는 셰프의
미각 시스템은……**

용상
유두

사상
유두

성곽유두

맛봉오리

맛세포

유두에 있는 맛봉오리에는 5가지 기
본 맛 각각을 수용하는 맛세포가 있
으며, 미각물질을 감지하면 정보를
전기 신호로 변환한다.

신맛의 근원은 아세트
산, 구연산 등의 산성
물질에 함유된 수소
이온.

식물에 많이 함유되
어 있으며 카페인, 카
테킨 등 종류가 풍부.
독성을 가진 쓴 물질
도 많다.

짠맛의 근원은 식염
(염화나트륨) 등에
함유된 나트륨 이온.

단맛 물질에는 수크로
스sucrose, 글루코스
등의 당류, 사카린 등 인
공 감미료도 포함된다.

매운맛은 미각이 아니
다. '맵다'를 영어로 '핫'
이라고 하듯이 '뜨겁다,
아프다'와 같은 체성 감
각이다.

신맛   **쓴맛**   **짠맛**   **단맛**   **매운맛**

5가지 기본 맛

온몸으로부터 감각 정보를 모아
몸을 지키기 위해 작용하는 호메오스타시스

뇌로 전달되는 체성 감각과 내장 감각

지금까지 시각, 청각, 후각, 미각에 대해서 살펴보았는데, 여기에 촉각을 더한 5가지 감각을 일반적으로 오감이라고 부른다. 그러나 지금은 그 밖에도 많은 감각이 있다고 알려져 있다.

온몸의 피부나 근육 등에서 느끼는 감각은 '체성體性 감각'이라고 한다. 촉각도 그중 하나이며, 그 밖에 통각(통증 감각), 압각(압박감), 온도 감각, 위치 감각, 운동 감각 등이 포함된다.

몸의 가장 깊숙한 곳에도 감각은 있다. 예를 들어 위가 아프다, 배가 고프다, 토할 것 같다, 오줌이 마렵다 등의 감각은 '내장 감각'이라고 한다.

이런 감각은 온몸에 있는 센서에서 뇌로 전달되어 몸의 상태나 변화를 알린다. 체성 감각 정보는 척수에서 시상을 거쳐 대뇌피질에 있는 1차 체성 감각 영역으로 보내진다. 이 감각 영역에는 펜필드의 뇌기능 분포도(33쪽)에 제시되었듯이, 몸의 부위별로 대응하는 장소가 있는 것으로 알려져 있다.

감각 중에서도 특히 통각은 몸의 위험을 알리는 중요한 신호이다. 벌에게 쏘이면 그 순간 날카로운 통증을 느끼고 그 후에 둔한 통증이 이어진다. 이것은 최초의 통증이 두꺼운 가쪽척수시상로脊髓視床路를 통해 빠른 속도로 뇌에 도달하는 데 비해, 다음 통증은 가느다란 앞척수시상로를 통해 지속적으로 보내지기 때문이다. 만약 통증이라는 감각이 없다면 인간은 벌레의 존재를 깨닫지 못해 더욱 큰 위험에 처하게 될 것이다.

자동방어 기능, 호메오스타시스

몸의 어딘가에서 이상신호가 도달하면 뇌는 그것을 원래 상태로 되돌리려고 명령을 내린다. 이처럼 몸의 상태를 정상으로 유지하려 하는 피드백 기능을 '호메오스타시스(Homeostasis, 항상성)'라고 한다.

호메오스타시스의 사령부에 해당하는 것은 간뇌의 시상하부이다. 시상하부는 주로 자율신경이나 호르몬 분비를 컨트롤하여 체내의 균형을 조절하는 역할을 한다. 예를 들어 운동을 해서 체온이 올라가면 체온을 낮추기 위해 땀을 흘리고, 독이 체내로 들어오면 면역 시스템을 발동하여 몸 밖으로 내보내려 한다. 인간이 약을 먹거나 상처 부위를 치료하기도 전에 뇌가 자동적으로 방어 태세에 들어가 생명을 유지하려고 하는 것이다.

이 호메오스타시스가 흐트러지면 컨디션이 나빠질 뿐 아니라 기분도 좋지 않아지고 정서불안이 되기도 한다. 이런 기분이나 정서의 근원이 되는 것을 '정동情動'이라고 한다. 온몸에서 뇌에 도달한 신체 정보가 정동을 일으키는 구조에 대해서는 72쪽에서 자세히 알아보자.

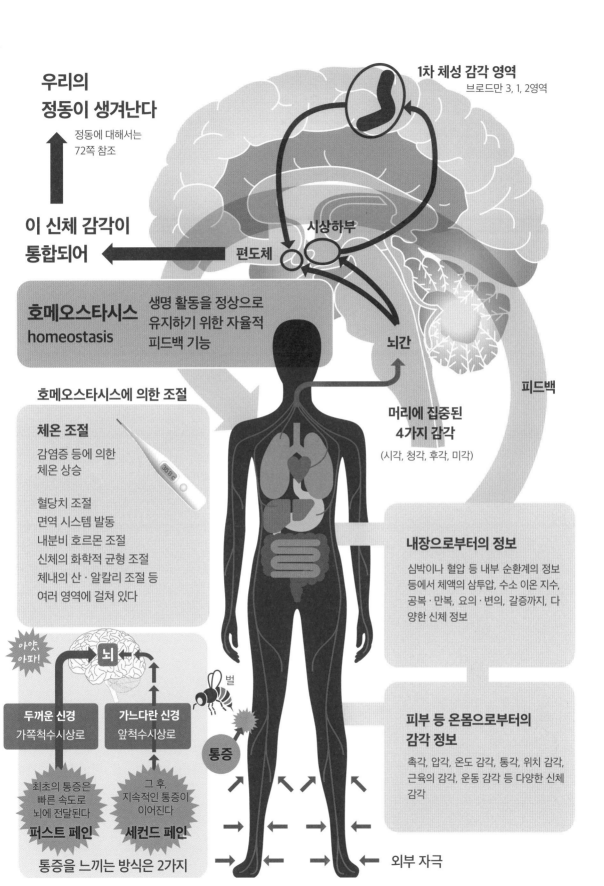

1차 체성 감각 영역
브로드만 3, 1, 2영역

**우리의
정동이 생겨난다**

정동에 대해서는
72쪽 참조

**이 신체 감각이
통합되어**

시상하부

편도체

뇌간

호메오스타시스
homeostasis

생명 활동을 정상으로
유지하기 위한 자율적
피드백 기능

피드백

호메오스타시스에 의한 조절

체온 조절

감염증 등에 의한
체온 상승

혈당치 조절
면역 시스템 발동
내분비 호르몬 조절
신체의 화학적 균형 조절
체내의 산·알칼리 조절 등
여러 영역에 걸쳐 있다

**머리에 집중된
4가지 감각**

(시각, 청각, 후각, 미각)

내장으로부터의 정보

심박이나 혈압 등 내부 순환계의 정보
등에서 체액의 삼투압, 수소 이온 지수,
공복·만복, 요의·변의, 갈증까지, 다
양한 신체 정보

아얏
아파!

뇌

벌

두꺼운 신경
가쪽척수시상로

가느다란 신경
앞척수시상로

통증

최초의 통증은
빠른 속도로
뇌에 전달된다
퍼스트 페인

그 후,
지속적인 통증이
이어진다
세컨드 페인

통증을 느끼는 방식은 2가지

**피부 등 온몸으로부터의
감각 정보**

촉각, 압각, 온도 감각, 통각, 위치 감각,
근육의 감각, 운동 감각 등 다양한 신체
감각

외부 자극

복잡한 운동을 담당하는 운동 영역, 그리고 뇌가 근육을 컨트롤하는 원리

뇌에서 온몸으로 전달되는 운동 뉴런

우리는 스포츠를 즐길 때는 물론, 대부분의 시간 동안 몸 여기저기를 움직이고 있다. 몸이 움직인다는 것은 그 부분의 근육이 움직인다는 것이다. 우리 뇌는 어떻게 근육을 움직이고 있을까?

앞에서 살펴본 체성 감각을 담당하는 것은 대뇌의 중심고랑 뒤에 있는 1차 체성 감각 영역이다. 한편, 중심고랑 앞에는 몸의 움직임을 담당하는 1차 운동 영역이 있다. 1차 운동 영역은 운동에 관한 다양한 정보를 모아서 통합하고 동작을 일으키기 위한 명령을 내린다.

33쪽에서 소개한 펜필드의 뇌기능 분포도를 잠깐 복습해보자. 59쪽 아래 그림에서 보이듯이, 1차 운동 영역에는 몸의 특정 부위를 담당하는 영역이 순차적으로 늘어서 있다. 복잡한 움직임이 필요한 손이

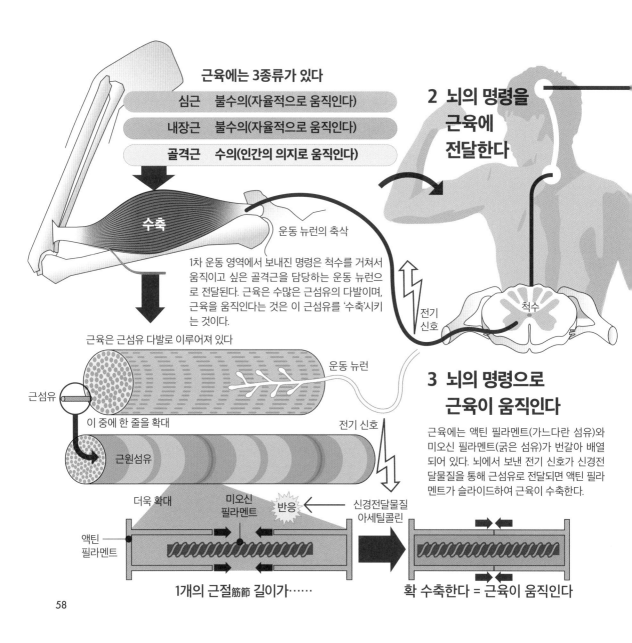

근육에는 3종류가 있다

심근	불수의(자율적으로 움직인다)
내장근	불수의(자율적으로 움직인다)
골격근	수의(인간의 의지로 움직인다)

수축

운동 뉴런의 축삭

1차 운동 영역에서 보내진 명령은 척수를 거쳐서 움직이고 싶은 골격근을 담당하는 운동 뉴런으로 전달된다. 근육은 수많은 근섬유의 다발이며, 근육을 움직인다는 것은 이 근섬유를 '수축'시키는 것이다.

근육은 근섬유 다발로 이루어져 있다

근섬유

운동 뉴런

이 중에 한 줄을 확대

근원섬유

전기 신호

더욱 확대

미오신 필라멘트

반응

신경전달물질 아세틸콜린

액틴 필라멘트

1개의 근절筋節 길이가……

2 뇌의 명령을 근육에 전달한다

전기 신호

척수

3 뇌의 명령으로 근육이 움직인다

근육에는 액틴 필라멘트(가느다란 섬유)와 미오신 필라멘트(굵은 섬유)가 번갈아 배열되어 있다. 뇌에서 보낸 전기 신호가 신경전달물질을 통해 근섬유로 전달되면 액틴 필라멘트가 슬라이드하여 근육이 수축한다.

확 수축한다 = 근육이 움직인다

나 입의 영역은 다른 것보다 크다는 것을 알 수 있다.

감각 정보는 온몸에서 뇌로 전달되는데, 운동 정보는 다른 경로를 통해 뇌에서 온몸으로 전달된다.

예를 들어 '왼쪽 어깨를 움직여'라는 명령이 1차 운동 영역에서 내려지면, 그 정보는 척수를 거쳐 운동 뉴런으로 전달되어 왼쪽 어깨의 골격근에서 작용한다. 골격근은 근섬유 다발로 이루어져 있으며, 자극을 받으면 쏙 수축한다. 이것이 근육이 움직이는 원리다.

실제 뇌에서 벌어지는 일은 훨씬 복잡하다. 어떤 동작을 하려면 반드시 계기가 있고, 그 정보를 받아서 무엇을 해야 하는지를 판단하고, 어떤 동작을 어떤 순서로 할 것인지 계획해야 한다. 인간이나 원숭이 등에게는 이런 복잡한 과정을 수행하기 위한 고차원적 기능을 가진 운동 영역이 있다고 한다. 예를 들어 두 손으로 동시에 다른 동작을 하는 기능을 담당하는 것은 보조운동 영역, 시각 정보에 토대한 운동을 유발하는 것은 전운동 영역이라고 추측하고 있다. 1차 운동 영역은, 이들 고차원적인 운동 영역으로부터도 정보를 받아 다양한 근육을 정확하게 움직이라는 명령을 내리는 것이다.

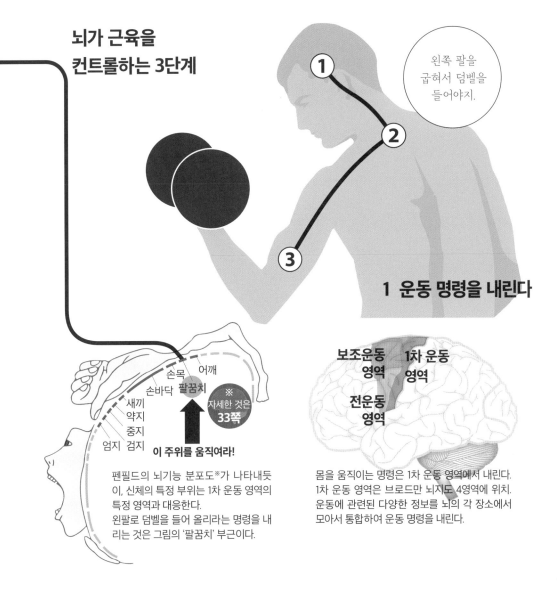

뇌가 근육을 컨트롤하는 3단계

① ② ③

왼쪽 팔을 굽혀서 덤벨을 들어야지.

1 운동 명령을 내린다

손목 어깨
손바닥 팔꿈치
새끼
약지
중지
엄지 검지

※ 자세한 것은 33쪽

이 주위를 움직여라!

펜필드의 뇌기능 분포도※가 나타내듯이, 신체의 특정 부위는 1차 운동 영역의 특정 영역과 대응한다.
왼팔로 덤벨을 들어 올리라는 명령을 내리는 것은 그림의 '팔꿈치' 부근이다.

보조운동 영역   1차 운동 영역
전운동 영역

몸을 움직이는 명령은 1차 운동 영역에서 내린다.
1차 운동 영역은 브로드만 뇌지도 4영역에 위치.
운동에 관련된 다양한 정보를 뇌의 각 장소에서
모아서 통합하여 운동 명령을 내린다.

인간만 갖고 있는 언어를
뇌는 연계 플레이로 능숙하게 사용한다

언어를 다루는 뇌의 네트워크

뇌의 기본적인 구조는 많은 동물과 공통되므로 옛날부터 뇌를 해부하거나 실험할 때 다양한 동물을 사용해왔다. 그러나 인간만이 가진 언어를 알려면 인간의 뇌를 조사할 수밖에 없다. 언어를 담당하는 뇌의 기능을 알아내는 데 최초의 실마리가 된 것은 언어 장애를 가진 사람들의 병례였다. 그것이 31쪽에서도 이야기한 브로카 영역과 베르니케 영역의 발견이다. 그것을 통해 뇌에는 언어에 관여하는 특정 영역이 있으며, 이들 영역이 손상되면 언어 장애를 일으킨다는 것을 알게 되었다.

처음에 발견된 브로카 영역은 좌반구의 전두엽에 위치하며, 언어의 조합이나 말을 하기 위한 입술이나 혀의 운동에 관여한다. '운동성 언어 중추'라고도 불리며 옆에 있는 1차 운동 영역과도 연계하고 있다.

한편, 베르니케 영역은 좌반구의 측두엽에 위치하며 주로 언어의 의미를 이해하는 기능을 담당하고 있다. 여기는 '감각성 언어 중추'라고도 불리며, 소리를 듣는 1차 청각 영역 옆에 있다. 이들은 모두 좌반구에 있으므로 언어 기능은 좌반구가 우월하다고 여겨졌지만, 최근 연구를 통해 언어를 이해하기 위해서는 좌우 뇌의 다양한 영역이 서로 관여하고 있다는 것을 알게 되었다.

뇌는 선천적으로 언어 능력을 갖는다?

언어를 잘 구사하기 위해 뇌에서는 다양한 정보가 처리된다. 언어를 듣거나 보아서 지각한다. 그 언어의 의미를 기억과 대조하여 인식한다. 언어를 구사하기 위해서는 문법에 따라 언어를 조합하고 입을 이용해 소리를 내거나 손가락을 움직여서 글자를 써야 한다.

그중에서도 문법을 사용한 언어의 조합은 복잡하다. 외국어를 공부할 때 문법에서 골치 아팠던 경험이 있는 사람도 많을 것이다. 그런데 아기는 자연스럽게 언어를 기억하고 3살 정도가 되면 문법도 배우지 않았는데 올바른 문장을 말할 수 있게 된다.

기존에는 문법이 학습에 의해 후천적으로 획득된다고 생각했다. 그에 반해 미국의 언어학자 촘스키는 모든 언어에는 공통된 규칙성이 있으며, 인간의 뇌에는 선천적으로 언어의 보편적인 규칙이 갖춰져 있다고 주장하고 있다.

이런 언어학적 논의와는 별개로, AI(인공지능)는 확률론이나 통계학 기법을 이용하여 언어를 처리하는 능력을 높여 이미 자동 번역 기능이 실용화되어 있다. AI의 진화는 인간의 언어 획득 능력을 되돌아보는 계기가 될지도 모르겠다.

최근 연구에 따르면, 언어를 이해하는 데에는 우반구와 소뇌도 관여하며 뇌 전체가 역동적으로 움직이고 있다고 한다

우리가 언어를 구사하기 위한 언어 모듈은 좌반구에 있다고 알려져 있다

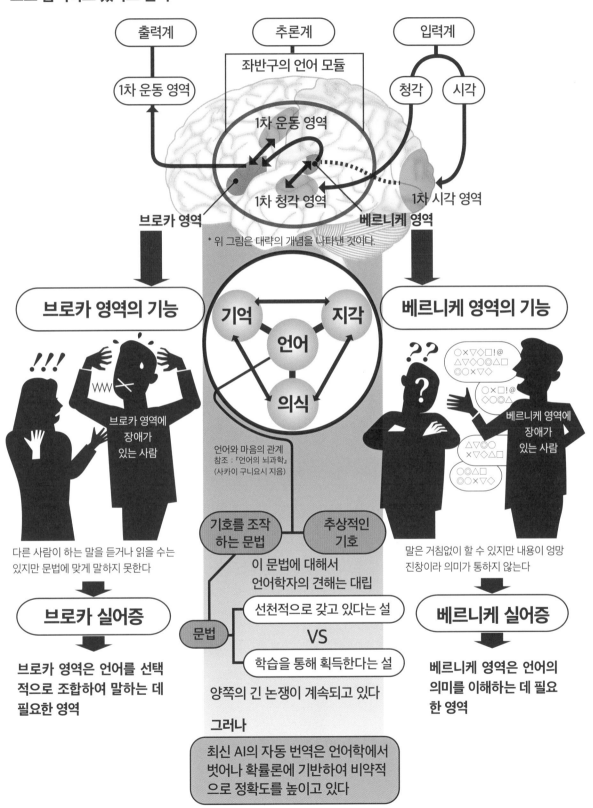

출력계

추론계

입력계

좌반구의 언어 모듈

1차 운동 영역

청각 시각

1차 운동 영역

1차 청각 영역

1차 시각 영역

브로카 영역

베르니케 영역

* 위 그림은 대략의 개념을 나타낸 것이다.

브로카 영역의 기능

베르니케 영역의 기능

기억

지각

언어

의식

브로카 영역에 장애가 있는 사람

베르니케 영역에 장애가 있는 사람

언어와 마음의 관계
참조 : 『언어의 뇌과학』
(사카이 구니요시 지음)

다른 사람이 하는 말을 듣거나 읽을 수는 있지만 문법에 맞게 말하지 못한다

말은 거침없이 할 수 있지만 내용이 엉망진창이라 의미가 통하지 않는다

기호를 조작하는 문법

추상적인 기호

이 문법에 대해서 언어학자의 견해는 대립

브로카 실어증

문법

선천적으로 갖고 있다는 설

VS

학습을 통해 획득한다는 설

베르니케 실어증

브로카 영역은 언어를 선택적으로 조합하여 말하는 데 필요한 영역

양쪽의 긴 논쟁이 계속되고 있다

그러나

최신 AI의 자동 번역은 언어학에서 벗어나 확률론에 기반하여 비약적으로 정확도를 높이고 있다

베르니케 영역은 언어의 의미를 이해하는 데 필요한 영역

뇌에는 엄청난 정보를 저장하는
기억 전용 하드 디스크가 없다?

단기기억과 장기기억

우리는 뭔가를 기억하려 할 때, '머릿속에 집어넣는다' 또는 '머릿속이 가득차서 더 이상 못 집어넣겠다'라는 말을 한다. 컴퓨터에는 엄청난 양의 데이터를 보존하는 하드 디스크라는 기억장치가 있는데, 우리 뇌에도 기억을 저장해두는 장소가 있을까?

인간의 기억은 컴퓨터가 다루는 디지털 데이터처럼 균일하게 처리할 수 있는 것이 아니며, 기억 방식도 다양하다. 예를 들어 친구와 3시에 만나기로 약속했다고 하자. '3시, 3시', 하고 일단 기억하지만 수첩에 메모를 했다면 더 이상 기억할 필요가 없다. 이처럼 단시간만 기억해 두는 기억은 '단기기억'이라고 한다.

한편, 오랫동안 기억하고 있는 것이 '장기기억'이다. 장기기억은 다시 '암묵적 기억(잠재 기억)' 과 '명시적 기억'으로 분류된다.

암묵적 기억은 무의식중에 기억하고 있는, 언어로 나타낼 수 없는 기억이다. 자전거 타는 법이나 기술자의 기술 등, 반복함으로써 자연스럽게 몸으로 기억해가는 '절차 기억'이나 공포 처럼 조건반사적으로 환기되는 기억이 포함된다.

한편, 명시적 기억은 언어나 이미지를 통해 의식적으로 떠올릴 수 있는 기억을 가리키며, '일화 기억'과 '의미 기억'으로 나눌 수 있다. 일화 기억은 개인이 경험한 사건의 기억이며, 그때 어떤 옷을 입고 있었고, 어떤 기분이었는지 등 사건에 얽힌 세세한 것까지 기억하고 있는 것 이 특징이다. 의미 기억은 사물의 의미나 인명, 연대 등 지식으로 저장된 기억이다. 일반적으 로 기억이라고 할 때는 명시적 기억을 의미하는 경우가 많다.

우리의 3가지 기억

장기기억 1 암묵적 기억
일일이 의식하지 않아도 사용할 수 있는 기억

기술자의 기술, 뱀에 대한 본능적인 공포 등, 몸이 기억하고 있는 기억

초밥 장인

3시에요. 아, 3시였나? 단기기억
들은 다음 메모를 할 때까지, 등 단 시간만 기억하면 되는 기억

장기기억 2 명시적 기억

이 기억은 뇌의 어느 부분에 축적될까?

일화 기억
경험한 사건의 기억. 사건에 관련된 세세 한 정보도 기억한다.

의미 기억
말의 의미 등, 경험이나 학습을 통해 얻은 기억. 지식에 해당한다.

해마를 중심으로 한 기억 네트워크

이들 기억의 중추가 되는 것은 해마이다. 해마에는 출생 후에도 신경세포가 재생되는 부위가 있다. 그것이 치상회齒狀回라고 불리는 부위이며, 새로운 기억의 형성에 중요한 역할을 하고 있는 것으로 보고 있다. 해마는 들어온 정보를 정리하여 선별한다. 작업하는 동안에만 기억해두면 되는 기억(워킹 메모리, 작업 기억)은 전전두피질에서 처리된다.

한편, 오랫동안 기억해두어야 하는 기억은 해마에서 대뇌피질로 전송된다. 이것이 장기기억이 되는데, 그렇다고 해서 대뇌피질이 기억을 그대로 저장하는 것은 아니다. 인간의 뇌에는 컴퓨터의 하드디스크 같은 특정 기억장치는 없으며, 뇌 전체가 기억 매체로서 기능하고 있는 것으로 보인다.

다음으로, 기억이 만들어지는 메커니즘을 자세히 알아보자.

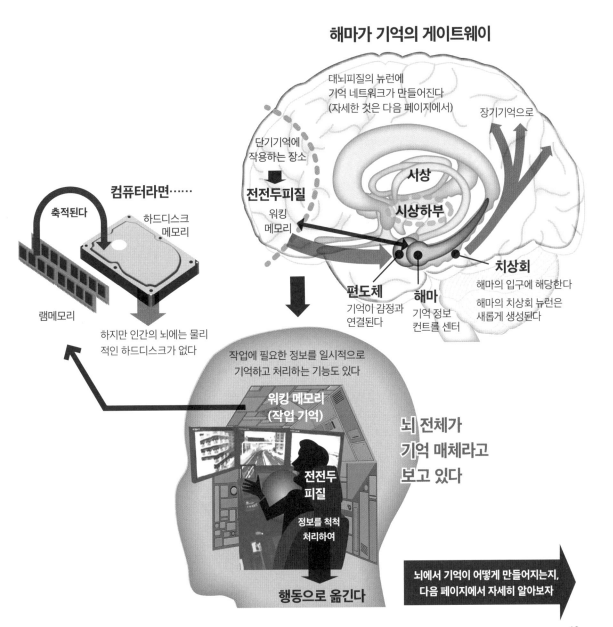

해마가 기억의 게이트웨이

대뇌피질의 뉴런에
기억 네트워크가 만들어진다
(자세한 것은 다음 페이지에서)

장기기억으로

단기기억에
작용하는 장소

전전두피질
워킹
메모리

시상

시상하부

치상회
해마의 입구에 해당한다
해마의 치상회 뉴런은
새롭게 생성된다

편도체
기억이 감정과
연결된다

해마
기억 정보
컨트롤 센터

컴퓨터라면……

축적된다

하드디스크
메모리

램메모리

하지만 인간의 뇌에는 물리
적인 하드디스크가 없다

작업에 필요한 정보를 일시적으로
기억하고 처리하는 기능도 있다

워킹 메모리
(작업 기억)

전전두
피질

정보를 척척
처리하여

뇌 전체가
기억 매체라고
보고 있다

행동으로 옮긴다

뇌에서 기억이 어떻게 만들어지는지,
다음 페이지에서 자세히 알아보자

기억은 반복 자극을 통해 고정된다
뉴런이 만드는 기억의 네트워크

시냅스가 기억의 통로를 만든다

　기억은 어떻게 만들어질까? 우리가 온몸의 감각에서 얻은 정보는 기억을 담당하는 해마로 전달된다. 이때의 시냅스(뉴런들의 접합부)를 나타낸 것이 아래 그림이다. 여기서 주목해야 할 것은 뉴런의 가지돌기에 있는 '극돌기棘突起'이다.

　왼쪽에서 뻗은 뉴런 A의 축삭에서 신호가 보내지면, 오른쪽 뉴런 B의 극돌기가 그것을 받아들인다. 이때 신호 자극이 약하면 극돌기는 작은 채로 있지만, 강한 자극을 받으면 극돌기가 커져서 신호를 전달하기 쉬워지는 것으로 알려져 있다. 작은 극돌기는 소멸해버리기도 하지만, 큰 극돌기는 남아 있기 쉽게 된다.

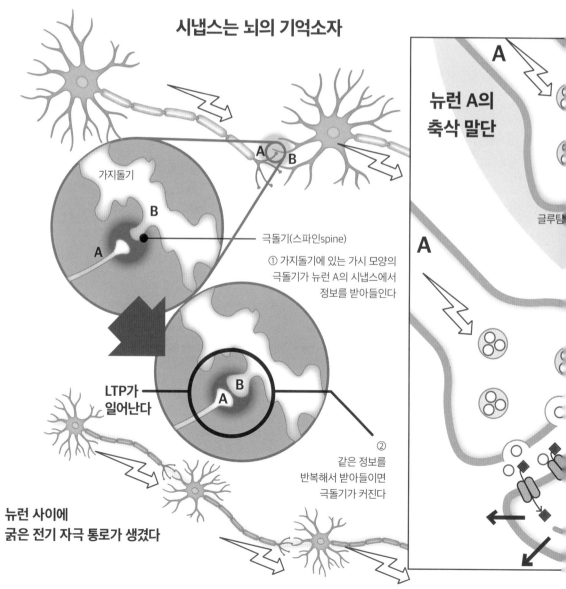

시냅스는 뇌의 기억소자

가지돌기

B

A

극돌기(스파인spine)

① 가지돌기에 있는 가시 모양의 극돌기가 뉴런 A의 시냅스에서 정보를 받아들인다

LTP가
일어난다

②
같은 정보를
반복해서 받아들이면
극돌기가 커진다

뉴런 사이에
굵은 전기 자극 통로가 생겼다

뉴런 A의
축삭 말단

글루탐

A

금방 잊어버려도 되는 기억은 남지 않고 중요한 것만 장기기억으로 뇌에 새겨지는 것은 이 때문이다.

또한, 특정 시냅스가 반복적으로 강한 자극을 받으면 장기간에 걸쳐서 시냅스의 전달 효율이 좋아지는 현상이 보인다. 이것을 장기 강화(long-term potentiation, LTP)라고 하며, LTP 역시 장기기억을 만드는 데 아주 중요하다고 보고 있다. 사실, 반복해서 기억한 것은 시간이 지나도 잊히지 않는 법이다.

우리는 문득 어떤 순간에 어떤 사건을 선명하게 떠올릴 수도 있다. 이런 기억의 흔적을 '엔그램(engram, 기억 흔적)'이라고 부르며, 단순한 개념이 아니라 실제로 뇌 속에 존재할지도 모른다고 생각하게 되었다. 최근 연구에서는 특정 경험에 대응하는 특정 기억 네트워크가 있다는 것이 알려졌다. 어떤 경험의 기억이 만들어질 때 동기同期 활성화한 특정 뉴런 집단은 결집을 강화하여 세트로 저장된다. 어떤 계기로 그 중 일부 뉴런이 자극을 받으면 뉴런 집단 전체가 활성화하여 기억 전체가 되살아나는 것이다.

인간의 기억은 아직 수수께끼가 많은 미지의 영역이므로 물리적인 실체로서 탐구해야 하며, 현재 많은 연구가 진행되고 있다.

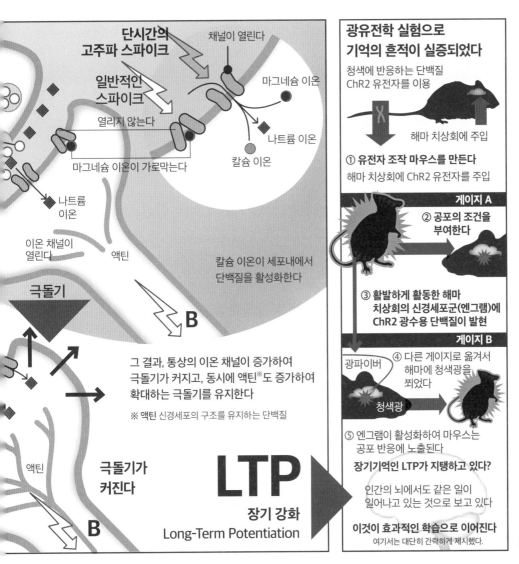

다음 페이지로

학습에 필요한 것은 반복, 반복, 반복?
반복하면 할수록 장기기억이 된다

운동은 소뇌, 공부는 편도체도 관여한다

새로운 것을 배울 때 우리 뇌에서는 무슨 일이 일어날까? 학습에는 기억이 반드시 필요한데, 기억에는 ① 기억의 형성, ② 보존, ③ 재생(떠올림)이라는 3가지 단계가 있다. 분명히 외웠는데 필요할 때 떠오르지 않는다면 학습이 몸에 배지 않는다.

비교적 몸으로 익히기 쉬운 것은 스포츠처럼 몸으로 기억하는 '절차 기억'이다. 절차 기억에서는 해마가 아니라 대뇌 기저핵과 소뇌가 중심이 되어 활약한다. 대뇌 기저핵은 근육의 대강의 움직임을 조절하면서 도파민을 분비하여 학습을 활성화한다. 한편, 소뇌는 대뇌가 이미지화하는 움직임을 세세하게 조절하여 최적의 움직임을 기억한다. 같은 움직임을 반복하는 동안에 대뇌 기저핵과 소뇌가 연계하여 생각을 하지 않아도 몸이 움직이게 되는 것이다.

그에 비해 학교 공부 같은 '의미 기억'은 단순히 교과서를 읽는 것만으로는 몸에 익혀지지 않는다. 앞에서 보았듯이, 장기기억은 시냅스에 반복 자극을 주어야 고정되므로 '반복 학습'이 효과적이다. '예습보다 복습이 중요하다'라는 말을 많이 하는데, 복습한다는 것은 뇌에 보존된 기억을 끄집어내서 다시 저장한다는 것이기도 하다. 정보의 보존, 재생, 재보존을 반복함으로써 시냅스가 증강되어 기억이 안정적으로 유지될 수 있는 것이다.

또한, 해마 근처에는 좋고 싫음이나 감정을 담당하는 편도체가 있어서 기억을 담당하는 해마에 영향을 준다. 하기 싫은 공부를 억지로 하면 잘 외워지지 않는 것은 그 때문이다. 반대로, 좋아하는 과목이나 즐거운 취미 활동은 편도체로부터 정보를 받아서 기억이 정착하기 쉽다.

꿈은 학습 기억을 정리한다?

우리가 잠을 자는 동안에도 해마나 편도체는 깨어 있다. 잠을 잘 때 꿈을 꾸는 것은 그 때문이다. 꿈을 꾸는 이유는 아직 잘 모르지만 흥미로운 가설이 있다. 하루 종일 학습이나 경험에 의해 얻은 기억을 재생해서 정보를 정리하고, 장기기억으로 고정하기 위해서라는 것이다. 또는, 자는 동안에 불필요한 기억을 소거하고 신경회로를 정리하기 위해서라는 것이다. 만약 그렇다면 수면을 잘 이용해서 학습 효과를 높이는 일도 가능할지 모른다.

이것이 효과적인 학습법일까?

몸을 사용한 즐거운 반복 학습

바로 잔다

수면과 즐거운 꿈

아침에 복습

오, 기억하고 있어.

이런 학습법이 있을까

뇌가 학습하는 원리

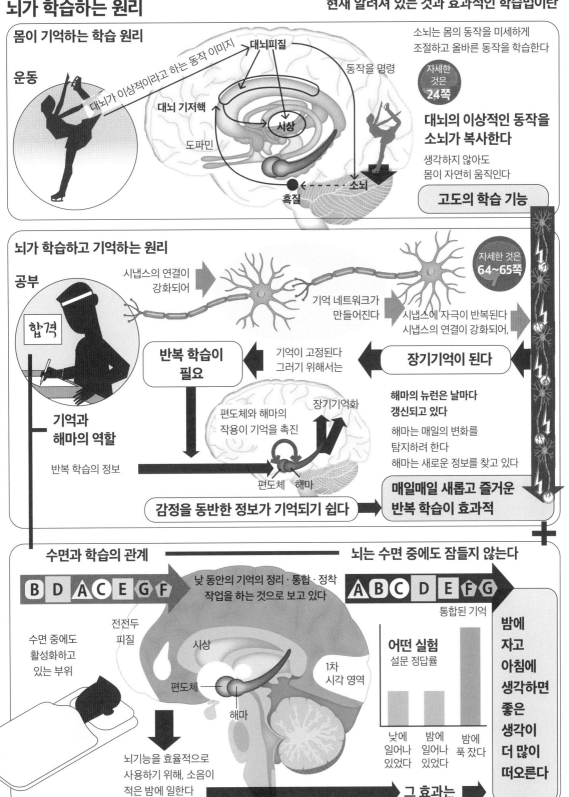

몸이 기억하는 학습 원리

운동

대뇌가 이상적이라고 하는 동작 이미지

대뇌피질

대뇌 기저핵

시상

동작을 명령

도파민

흑질

소뇌

소뇌는 몸의 동작을 미세하게 조절하고 올바른 동작을 학습한다

자세한 것은 **24쪽**

대뇌의 이상적인 동작을 소뇌가 복사한다

생각하지 않아도 몸이 자연히 움직인다

고도의 학습 기능

뇌가 학습하고 기억하는 원리

공부

합격

기억과 해마의 역할

반복 학습의 정보

시냅스의 연결이 강화되어

기억 네트워크가 만들어진다

시냅스에 자극이 반복된다 시냅스의 연결이 강화되어,

장기기억이 된다

자세한 것은 **64~65쪽**

반복 학습이 필요

기억이 고정된다 그러기 위해서는

편도체와 해마의 작용이 기억을 촉진

장기기억화

편도체 해마

해마의 뉴런은 날마다 갱신되고 있다

해마는 매일의 변화를 탐지하려 한다
해마는 새로운 정보를 찾고 있다

감정을 동반한 정보가 기억되기 쉽다

매일매일 새롭고 즐거운 반복 학습이 효과적

수면과 학습의 관계

뇌는 수면 중에도 잠들지 않는다

B D A C E G F

낮 동안의 기억의 정리·통합·정착 작업을 하는 것으로 보고 있다

A B C D E F G

통합된 기억

수면 중에도 활성화하고 있는 부위

전전두 피질

시상

1차 시각 영역

편도체

해마

어떤 실험
설문 정답률

낮에 일어나 있었다 / 밤에 일어나 있었다 / 밤에 푹 잤다

뇌기능을 효율적으로 사용하기 위해, 소음이 적은 밤에 일한다

그 효과는

밤에 자고 아침에 생각하면 좋은 생각이 더 많이 떠오른다

치매 환자의 뇌에서는 무슨 일이 일어나고 있을까?
기억장애의 원인과 결과

분단된 기억 네트워크

치매는 뇌 장애 가운데 세계적으로 가장 문제가 되고 있다. 전 세계 치매 환자는 2018년에 약 5,000만 명이나 되며, 2050년에는 그것의 3배에 이를 것으로 예상하고 있다. 초고령화가 진행 중인 일본은 선진국 가운데 치매 발병률이 가장 높아 약 500만 명의 환자가 있다.

치매는 사물을 인지하는 능력이 떨어져서 일상생활에 문제가 생기는 병이다. 나이가 들면 건망증이 심해지고 기묘한 행동을 하게 되는 것은 기원전 그리스 시대부터 알려져 있었다. 그것의 원인이 뇌의 장애에 있다는 것을 알게 된 것은 뇌연구가 진행된 19세기 이후의 일이었다. 인지 기능의 저하를 일으키는 병에는 루이소체형 치매, 뇌혈관성 치매, 전두측두형前頭側頭型 치매 등이 있는데, 환자 수가 가장 많

치매의 60%는 알츠하이머병

독일 의사 알로이스 알츠하이머Alois Alzheimer는 기억장애와 피해망상을 가진 여성 환자가 사망하자 그의 뇌를 해부하여 대뇌피질에 아밀로이드 β에 의한 노인반과 신경원섬유 변화가 있는 것을 발견하여 1906년에 발표했다. 여성 환자가 젊었기 때문에 당시에는 노인성 치매와는 다른 병이라고 생각해 알츠하이머병이라고 이름 붙여졌다.

알츠하이머병을 발견하는 계기가 된 최초의 환자 아우구스테 데터Auguste Deter. 46살에 발병하여 55살에 사망했다.

알츠하이머병을 발견한 알로이스 알츠하이머 (1864~1915)

전두엽
전두측두형 치매
(발음장애를 동반하며 많은 것을 억제하지 못하게 된다)

두정엽
알츠하이머형 치매
(장소·공간을 인식하지 못하게 된다)
뇌혈관성 치매
(동작을 실패하는 일이 많아지고 우울 상태가 된다)

뇌의 어떤 부위에 문제가 있으면 어떤 치매가 될까?

후두엽
루이소체형 치매
(손발이 떨리는 등 파킨슨병 증상, 환각을 동반한다)

측두엽
알츠하이머형 치매
(해마가 위축되어 고도기억장애를 앓는다)

소뇌

뇌간

치매인 뇌에서는 신경세포가 죽어간다

알츠하이머병은 아밀로이드 β와 타우 단백질이 축적되어, 루이소체형 치매는 루이소체라는 단백질이 축적되어, 뇌혈관성 치매는 혈액 순환이 저해되어 신경세포가 사멸한다.

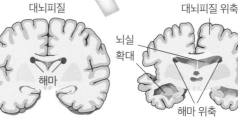

대뇌피질
해마
대뇌피질 위축
뇌실 확대
해마 위축

왼쪽은 정상인 뇌. 오른쪽은 알츠하이머병 환자의 뇌. 대뇌피질과 해마가 위축되고 뇌실이 확대되어 있다.

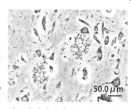

50.0 μm

알츠하이머병에서는 아밀로이드 β에 의한 노인반, 실의 보풀 같은 신경원섬유 변화가 나타난다.

은 것은 알츠하이머병이다. 고령자뿐만 아니라 젊은 사람도 걸리며, 65세 미만에 발병한 경우 청년성 알츠하이머병이라고 한다.

알츠하이머병은 아밀로이드 베타amyloid β라는 단백질 쓰레기가 해마나 대뇌피질에 쌓이고, 이어서 타우 단백질protein τ이 신경세포에 축적되어 세포가 조금씩 죽어가는 병이다. 정상인 뇌는 해마가 정보를 선별하여 대뇌피질로 보내서 기억으로 저장하는데, 해마가 손상되면 정보를 처리하지 못해 새로운 것을 기억할 수 없게 된다. 증상이 더욱 진행되면 지금까지 기억하고 있던 것, 특히 일화 기억을 떠올리지 못하게 된다.

기억 네트워크에 장애가 생기면 지금까지 쉽게 할 수 있었던 일들을 하지 못하게 되거나 '소재식所在識 장애'라고 하는, 시간·장소·인간관계를 알지 못하게 되는 증상도 나타난다. 그 결과, 환자는 외톨이가 된 듯한 고독 속에 떨어지게 된다. 알츠하이머는 발병까지 약 20년이 걸리며, 발병한 뒤에도 약을 복용하면 늦출 수 있으므로 일찍 발견하는 방법을 모색하고 있다.

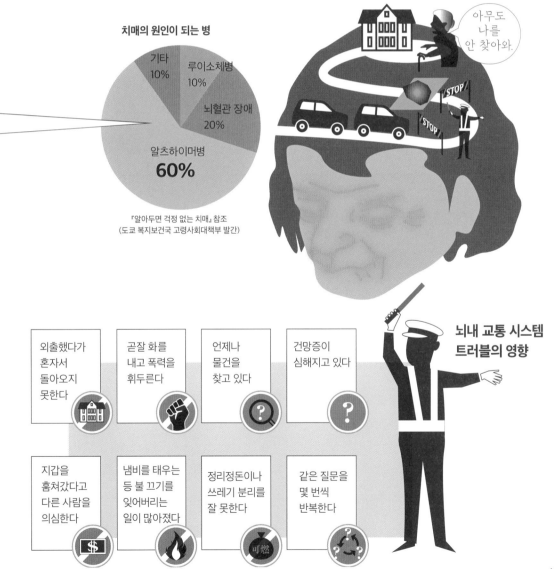

치매의 원인이 되는 병

기타 10%
루이소체병 10%
뇌혈관 장애 20%
알츠하이머병 **60%**

『알아두면 걱정 없는 치매』참조
(도쿄 복지보건국 고령사회대책부 발간)

아무도 나를 안 찾아와.

뇌내 교통 시스템 트러블의 영향

외출했다가 혼자서 돌아오지 못한다

곧잘 화를 내고 폭력을 휘두른다

언제나 물건을 찾고 있다

건망증이 심해지고 있다

지갑을 훔쳐갔다고 다른 사람을 의심한다

냄비를 태우는 등 불 끄기를 잊어버리는 일이 많아졌다

정리정돈이나 쓰레기 분리를 잘 못한다

같은 질문을 몇 번씩 반복한다

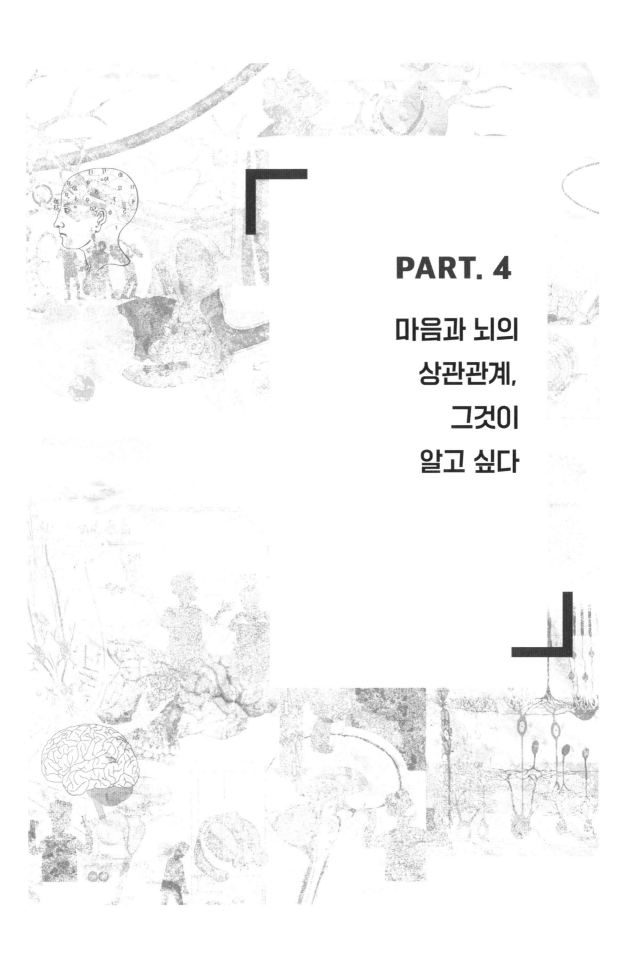

PART. 4

마음과 뇌의
상관관계,
그것이
알고 싶다

뇌는 '마음'을 어떻게 만들어낼까?
마음과 몸을 연결하는 '정동'

정동은 몸의 반응을 동반한다

마음은 어디에 있을까? 인류는 오래전부터 그 수수께끼를 탐구해왔다. 마음이란 인간의 지식과 의식, 감정의 근원이 되는 것이다. 이 가운데 가장 종잡을 수 없는 것이 감정이다.

감정은 주관적이라서 과학적으로 조사하기 어려운 것으로 여겨진다. 그러나 감정 중에는 무서운 생각이 들어서 심장이 두근거리거나 화가 나서 얼굴이 빨개지는 것처럼 몸의 반응으로 나타나는 것이 있다. 이처럼 몸의 반응을 동반하는 충동적인 감정을 '정동情動'이라고 한다.

정동은 인간과 동물에게 공통된다. 그래서 MRI 등의 영상 기술이 등장하기 이전의 뇌연구에서는 정동이 일어나는 메커니즘을 동물 실험으로 알아보려고 시도하기도 했다.

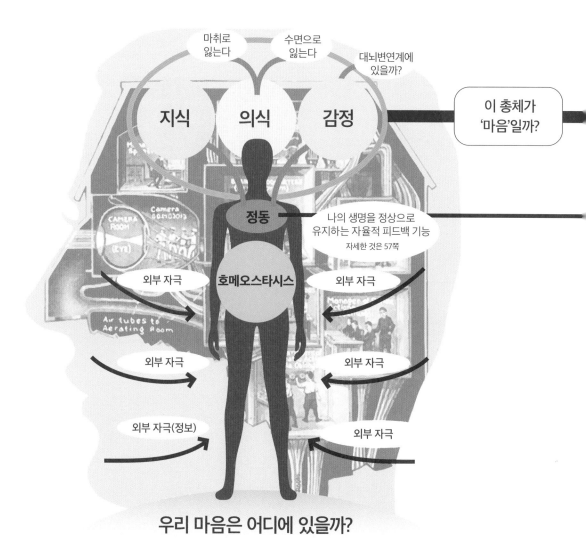

우리 마음은 어디에 있을까?

정동은 감정에 앞선다?

　19세기 말의 심리학자 제임스William James와 랑지Carl Lange는 '인간은 슬프기 때문에 우는 것이 아니라 울기 때문에 슬프다'라고 생각했다. 그들은 외부 자극에 대해 몸이 먼저 반응하고, 그것이 뇌로 전달되어 정동이 나중에 생긴다고 주장했다. 반면에 20세기의 생리학자 캐넌Walter Bradford Cannon과 바드Philip Bard는 자극이 먼저 뇌로 전달되어 대뇌피질에서 정동이 일어나며, 시상하부를 통해서 몸의 반응을 일으킨다, 즉 '슬프니까 운다'라고 주장했다.

　현대의 뇌신경학자 안토니오 다마지오Antonio Damasio는 아래 그림과 같은 실험을 통해 감정이 정동 때문에 생긴다는 가설을 얻었다. 결과만 보면 '울기 때문에 슬프다'라고 하는 제임스와 랑지의 가설과도 겹치지만, 다마지오는 자극에 의해 무의식으로 불러일으켜지는 신체 반응을 '정동'이라고 부르며, 감정은 정동을 인식함으로써 생겨난다고 보고 있다. 마음과 몸이 연결되고 감정이 생길 때 뇌에서는 무슨 일이 일어날까? 다음 페이지에서는 정동의 메커니즘을 파헤쳐보자.

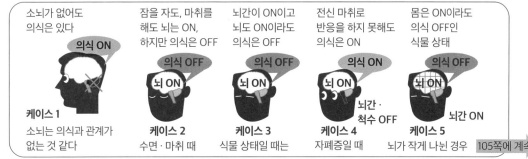

그렇다면 '의식'이란?　　의식이 ON이란 어떤 상태일까?

소뇌가 없어도 의식은 있다
의식 ON
케이스 1
소뇌는 의식과 관계가 없는 것 같다

잠을 자도, 마취를 해도 뇌는 ON, 하지만 의식은 OFF
의식 OFF
뇌 ON
케이스 2
수면·마취 때

뇌간이 ON이고 뇌도 ON이라도 의식은 OFF
의식 OFF
뇌 ON
케이스 3
식물 상태일 때는

전신 마취로 반응을 하지 못해도 의식은 ON
의식 ON
뇌 ON
뇌간·척수 OFF
케이스 4
자폐증일 때

몸은 ON이라도 의식 OFF인 식물 상태
의식 OFF
뇌 ON
뇌간 ON
케이스 5
뇌가 작게 나뉜 경우

105쪽에 계속

참고 : 마르첼로 마시미니·줄리오 토노니, 『의식은 언제 탄생하는가?』

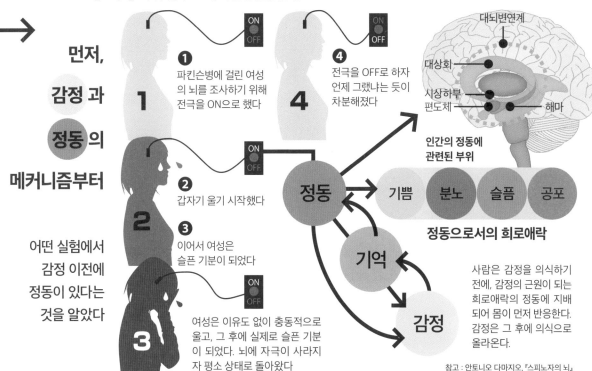

먼저,
감정 과
정동 의
메커니즘부터

어떤 실험에서 감정 이전에 정동이 있다는 것을 알았다

1
❶ 파킨슨병에 걸린 여성의 뇌를 조사하기 위해 전극을 ON으로 했다
ON / OFF

4
❹ 전극을 OFF로 하자 언제 그랬냐는 듯이 차분해졌다
ON / OFF

2
❷ 갑자기 울기 시작했다
ON / OFF

3
❸ 이어서 여성은 슬픈 기분이 되었다
여성은 이유도 없이 충동적으로 울고, 그 후에 실제로 슬픈 기분이 되었다. 뇌에 자극이 사라지자 평소 상태로 돌아왔다
ON / OFF

대뇌변연계
대상회
시상하부
편도체
해마

인간의 정동에 관련된 부위

정동 → 기쁨 · 분노 · 슬픔 · 공포

정동으로서의 희로애락

정동 → 기억 → 감정

사람은 감정을 의식하기 전에, 감정의 근원이 되는 희로애락의 정동에 지배되어 몸이 먼저 반응한다. 감정은 그 후에 의식으로 올라온다.

참고 : 안토니오 다마지오, 『스피노자의 뇌』

감정을 만드는 뇌의 네트워크,
그것을 촉진하는 호르몬과 신경전달물질

편도체는 정동 시스템의 중추다

예를 들어 수풀 속에 뱀이 있는 것을 보면 놀라서 심장의 고동이 빨라지고, 반사적으로 뛰어오르거나 비명을 지르게 된다. 이때 뇌에서는 무슨 일이 일어나고 있을까?

우리가 본 것의 정보는 감각 정보를 중계하는 시상을 거쳐 대뇌피질에서 '뱀'으로 인식된다. 그러나, 몸은 그보다 빨리 반응하여, 사람은 이상사태를 알아차린다. 이것은 시상에서 편도체로, 빠른 속도로 정보가 전달되는 경로가 있기 때문이다.

뇌에서 정동과 깊이 관련된 것이 바로 편도체이다. 편도체는 대뇌의 안쪽, 대뇌변연계에 있으며 해마나 대뇌피질의 기억 정보와도 대조하여 유쾌한지 불쾌한지, 위험한지 안전한지를 신속하게 판단한다. 불쾌/위험하다면, 곧바로 긴급 사태 모드로 들어가 시상하부에 명령을 내린다. 시상하부는 스트레스 호

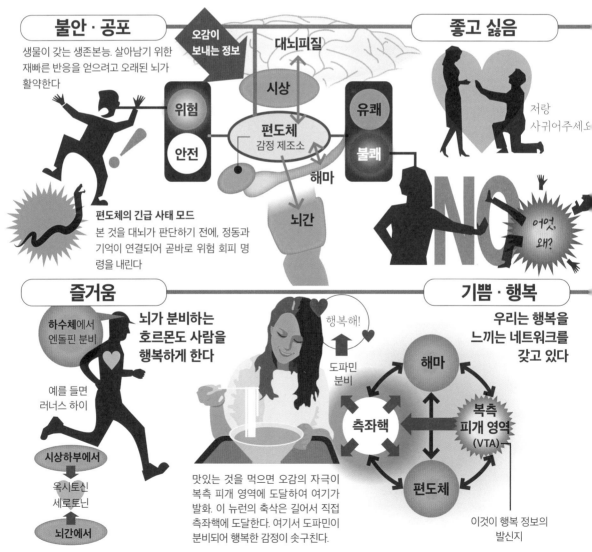

불안 · 공포

생물이 갖는 생존본능. 살아남기 위한 재빠른 반응을 얻으려고 오래된 뇌가 활약한다

오감이 보내는 정보

대뇌피질

시상

위험

안전

편도체
감정 제조소

해마

뇌간

유쾌

불쾌

편도체의 긴급 사태 모드
본 것을 대뇌가 판단하기 전에, 정동과 기억이 연결되어 곧바로 위험 회피 명령을 내린다

좋고 싫음

저랑 사귀어주세요

NO

어엇, 왜?

즐거움

하수체에서 엔돌핀 분비

뇌가 분비하는 호르몬도 사람을 행복하게 한다

예를 들면 러너스 하이

시상하부에서

옥시토신 세로토닌

뇌간에서

행복해!

도파민 분비

맛있는 것을 먹으면 오감의 자극이 복측 피개 영역에 도달하여 여기가 발화. 이 뉴런의 축삭은 길어서 직접 측좌핵에 도달한다. 여기서 도파민이 분비되어 행복한 감정이 솟구친다.

기쁨 · 행복

우리는 행복을 느끼는 네트워크를 갖고 있다

해마

복측 피개 영역 (VTA)

측좌핵

편도체

이것이 행복 정보의 발신지

르몬 분비나 자율신경 반응을 촉진하며, 그 결과 심장이 두근두근거나 혈압이 오르기도 한다. 이런 몸의 이상을 대뇌피질이 감지함으로써 사람은 반사적으로 도망친다는 행동을 일으킨다. 이처럼 공포의 정동은 살아남기 위해 필요한 행동을 재빨리 일으키고 '무섭다'라는 의식적인 감정은 나중에 서서히 덮쳐오는 것이다.

한편, 유쾌한 정보를 처리하는 것은 뇌간에 있는 복측 피개 영역ventral tegmental area과 대뇌의 안쪽에 있는 측좌핵(側坐核, nucleus accumbens)이다. 맛있는 음식을 먹거나 좋아하는 사람을 만나는 등 유쾌한 정보를 받으면 복측 피개 영역이 반응하고 측좌핵에 작용하여 도파민을 분비시킨다. 도파민은 쾌감을 낳는 신경전달물질의 하나이며, 적절하게 증가하면 행복한 기분이 생겨난다. 유쾌한 정보는 정동 중추인 편도체나 기억에 관여하는 해마도 활성화시키고, 연계하여 행복감을 높인다.

장거리를 달리는 동안에 황홀감이 높아지는 현상을 러너스 하이runner's high라고 하는데, 이것은 엔돌핀 때문으로 여겨진다. 그 밖에 '행복 호르몬'이라 불리는 세로토닌, 애정을 깊게 해주는 옥시토신 등도 유쾌한 감정을 낳는 신경전달물질이다.

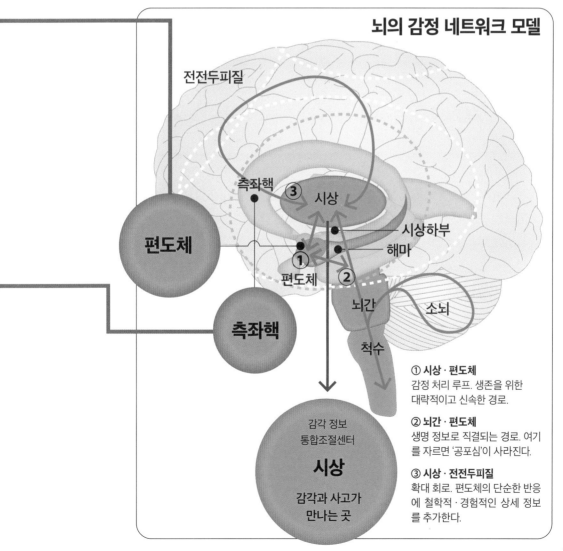

뇌의 감정 네트워크 모델

전전두피질

측좌핵

③ 시상

편도체

측좌핵

시상하부

해마

①
편도체

②

뇌간

소뇌

척수

감각 정보
통합조절센터

시상

감각과 사고가
만나는 곳

① 시상 · 편도체
감정 처리 루프. 생존을 위한 대략적이고 신속한 경로.

② 뇌간 · 편도체
생명 정보로 직결되는 경로. 여기를 자르면 '공포심'이 사라진다.

③ 시상 · 전전두피질
확대 회로. 편도체의 단순한 반응에 철학적 · 경험적인 상세 정보를 추가한다.

남성의 뇌 회로에서 분노와 폭력의
스위치가 잘 켜지는 이유는?

폭력을 낳는 호르몬, 폭력을 억제하는 호르몬

어떤 실험에서 뇌의 특정 부위에 전기 자극을 주자 피험자 남성이 갑자기 억제할 수 없는 욕설과 공격 행동을 반복하고 물리적인 파괴 행동까지 시작했다. 자극을 중단하자 30초 만에 남성의 분노는 가라앉았고 오히려 자신의 분노 감정에 놀란 모습이었다. 이 남성의 뇌에 있는 '분노 네트워크'가 활성화된 결과였다.

이 뇌 회로는 오른쪽 페이지 위 그림과 같이 시상하부, 편도체, 뇌간, 그리고 안와전두피질(orbitofrontal cortex, ORC)로 구성되어 있다. 안와전두피질은 안구 바로 안쪽에 있는 부위이다. 이 회로는 74쪽에서 본 '감정'을 낳는 네트워크와도 겹친다. 이 감정의 회로가 강하게 자극을 받음으로써 피험자 남성이 분노 발작을 일으킨 것이다.

분노 회로는 남녀 모두에게 존재하지만 분노, 폭력 행위가 강하게 나타나는 것은 남성이다. 그 이유로는 이 회로(주로 하수체와 시상하부)에서 명령하여 분비되는 남성에게 특징적인 호르몬의 작용이 지적되고 있다. 그 호르몬 가운데 하나가 테스토스테론이다. 이 호르몬은 여성도 난소에서 생성되지만, 양은 남성의 10% 정도이다. 남성의 경우는 고환에서 만들어지면, 남성 호르몬이라고 불리듯이 남성적 신체의 특징과 정신 작용을 형성한다. 강인한 근육과 왕성한 투쟁심은 어떤 시대든 이상적인 남성상의 상징이기도 했다.

그러나 남성 호르몬 과다는 범죄로 이어진다는 보고가 있다. 미국 형무소의 죄수 타액에 함유된 테스토스테론 양을 측정해보았더니, 양이 많은 사람일수록 폭력적인 범죄를 저지르고 있었다. 테스토스테론은 폭력뿐만 아니라 지배욕과도 연관되어 있다. 이 형무소의 죄수 서열의 최고 그룹 역시 테스토스테론 수준이 높았던 것이다.

분노나 폭력성에 관여하는 또 하나의 호르몬이 있다. 그것은 '행복 호르몬'이라고도 불리는 세로토닌이다. 체내 세로토닌의 90% 이상은 장에 있으며 뇌에 있는 것은 겨우 2%에 불과하지만 노르아드레날린이나 도파민의 폭주를 억제하는 중요한 역할을 맡고 있다.

세로토닌과 폭력의 관계는 마우스 실험으로 확인되었다. 단독 사육된 고독한 수컷 마우스는 통상보다 세로토닌 양이 감소한다. 이 마우스는 깜짝깜짝 놀라며 긴장하고 사소한 자극에도 공격 행동을 나타냈다. 그러나, 뇌내 세로토닌 양을 증가시키자 공격 행동이 사라졌다. 오른쪽 페이지 아래에 나타낸 핀란드에서 실시한 조사처럼, 인간 역시 세로토닌이 적으면 폭력성이 증가하는 것이 시사되고 있다.

분노 네트워크

분노를 높인다 ▶ 분노를 진정시킨다 ⇨

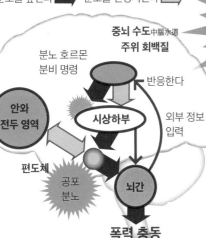

분노 호르몬 분비 명령

중뇌 수도中腦水道
주위 회백질

→ 반응한다

안와
전두 영역

시상하부

외부 정보 입력

편도체

공포
분노

뇌간

폭력 충동

**일본 형무소의 죄수 가운데
10명 중 9명은 남성이다**

(만 명)

남성 20,643명

여성 2,112명

2014년 일본 범죄백서에서

남성이 폭력적인 것은 남성 호르몬 '테스토스테론' 탓일까?

테스토스테론은 남성다움을 만드는 호르몬. 이것이, 남성이 갖는 분노와 폭력으로 이어진다는 것을 시사하는 실험 결과가 많다. 남자의 테스토스테론은 10살부터 증가하여 14살에 절정을 맞이한다.

남성다움의
호르몬

전쟁과 승리의
호르몬

그리고, 이런 데이터도 있다

**일본에서
폭력 사건으로
체포된 사람의
92%는 남성**

여성 8%

남성 92%

체포자 총수 56,484명

체포된 남성들의 범죄 내역

살인	889
강도	2,773
상해	23,417
폭행	20,324
공갈	4,665
계	52,068명

2007년 일본 범죄백서에서 산출

왜 남성은 여성보다
화를 잘 내고 폭력적일까

남성 죄수의
폭력 행위는
세로토닌
대사 저하가
원인

남성 죄수의
폭력 행위는
전전두피질과
측두엽의
기능 저하가
원인

미국에서 조사한 결과

중대 범죄자   일반 남성

fMRI 검사

분노와 폭력을 억제하는 세로토닌

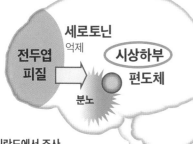

세로토닌

억제

전두엽
피질

시상하부

편도체

분노

핀란드에서 조사

살인, 살인 미수로 복역 중인 35명을 조사. 그들 대부분이 세로토닌 대사물의 감소가 인정되어 세로토닌 감소와 폭력의 관계가 시사되었다.

범죄자의 뇌는 전전두피질과 측두엽에서 명백하게 혈류량이 적고 글루코스 대사도 낮았다.

사람이 체험한 공포는 시간이 지나도
PTSD로 사람을 계속 괴롭힌다

베트남 전쟁에서 발견된 PTSD

한신 대지진이나 동일본 대지진은 막대한 피해를 입히고 많은 사람들에게 깊은 상흔을 남겼다. 심적 외상후 스트레스 장애, 흔히 PTSD Post Traumatic Stress Disorder라고 불리는 마음의 상처이다.

PTSD란 강렬한 체험이 트라우마(심적 외상)가 되어 생기는 심신의 장애를 가리킨다. PTSD가 '발견'된 계기는 1950년대에 시작된 베트남 전쟁이었다. 미국은 약 20년 동안 연인원 260만 명의 병사를 동원하여 벌인 북베트남과의 싸움에서 생각지도 못했던 패배를 당한다. 그 후, 사회 문제가 된 것이 많은 귀환 군인들이 호소한 스트레스 장애였다.

전쟁으로 인한 스트레스 장애는 그전부터 알려져 있었지만, 이 일을 계기로 스트레스 연구가 진행되어 1980년에 미국정신의학회의 진단 매뉴얼에 처음으로 PTSD가 진단명으로 기재되었다.

스트레스는 해마를 위축시킨다

PTSD는 전쟁뿐만 아니라 재해, 사고, 폭력 등 힘든 체험을 한 후에 발병한다. 체험을 갑자기 선명하게 떠올리는 재체험 증상, 체험에 관계된 사람이나 장소, 상황에서 도망치려 하는 회피 증상, 다시 똑같은 일이 일어나지는 않을까 항상 긴장하고 불면 등에 빠지는 과각성過覺醒 증상 등이 한 달 이상 계속되는 것이 PTSD의 특징이다.

공포의 정동은 보통은 일시적이며 공포의 대상이 없어지면 정동이 불러일으키는 심신의 이상반응도 진정된다. 그런데 베트남 전쟁이 끝나고 40년 이상이 지났지만 귀환 군인의 약 10%가 지금도 증상을 호소하고 있듯이, PTSD 환자의 스트레스 장애는 장기화한다.

그 이유 중 하나는 해마의 위축일 것으로 보고 있다. 환자의 뇌를 MRI로 조사한 여러 연구에서 해마가 작아진 경향이 보였던 것이다. 스트레스를 받으면 항상성을 유지하기 위해 당질 코르티코이드glucocorticoid라는 부신피질 호르몬의 분비가 늘어난다. 그런데, 스트레스가 장기적이 되면 호르몬 분비가 과다해져서 당질 코르티코이드에 가장 크게 반응하는 해마가 손상되는 것이 아닐까, 추측하고 있다.

단, 이미 PTSD가 되면 그전 상태와 비교할 수 없으므로 원래 어떤 이유로 해마의 부피가 작은 사람일수록 PTSD가 되기 쉬운 건 아닐까, 하는 설도 있다.

아무튼, 해마는 기억을 관장하는 부위이며 PTSD 환자에게 단기기억 기능장애가 나타나는 것도 그 때문이라고 보고 있다.

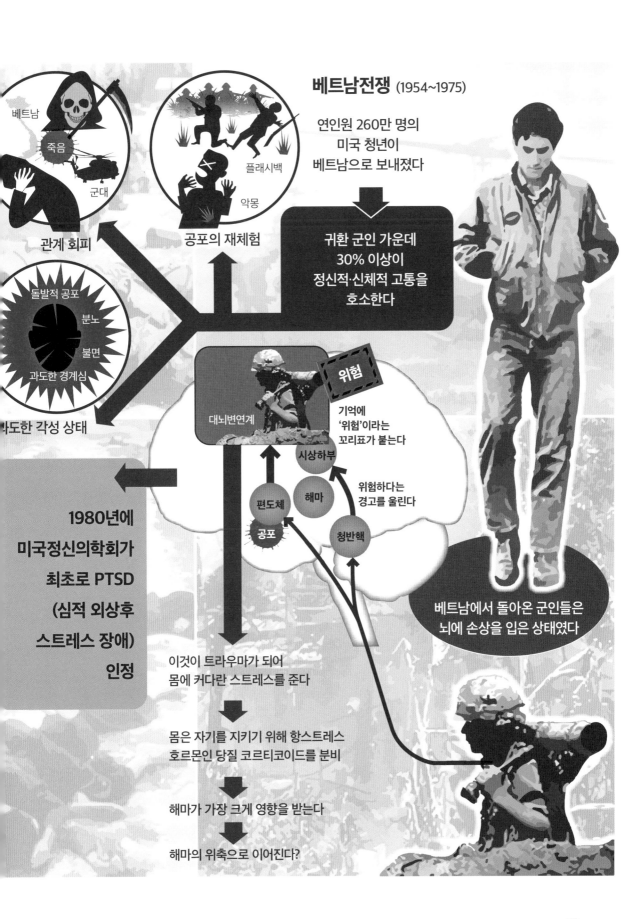

베트남전쟁 (1954~1975)

베트남

죽음

군대

관계 회피

플래시백

악몽

공포의 재체험

연인원 260만 명의
미국 청년이
베트남으로 보내졌다

귀환 군인 가운데
30% 이상이
정신적·신체적 고통을
호소한다

돌발적 공포

분노

불면

과도한 경계심

과도한 각성 상태

위험

대뇌변연계

기억에
'위험'이라는
꼬리표가 붙는다

시상하부

편도체

해마

위험하다는
경고를 울린다

공포

청반핵

1980년에
미국정신의학회가
최초로 PTSD
(심적 외상후
스트레스 장애)
인정

베트남에서 돌아온 군인들은
뇌에 손상을 입은 상태였다

이것이 트라우마가 되어
몸에 커다란 스트레스를 준다

몸은 자기를 지키기 위해 항스트레스
호르몬인 당질 코르티코이드를 분비

해마가 가장 크게 영향을 받는다

해마의 위축으로 이어진다?

거울처럼 반응하는 거울 뉴런
다른 사람과 공감하는 네트워크를 발견하다

다른 사람을 모방하는 신경세포

우리가 영화를 보면서 손에 땀을 쥐거나 눈물을 흘리는 이유는 무엇일까? 우리는 스크린을 보고 있을 뿐인데, 등장인물과 같은 체험을 하고 있는 것처럼 느끼고 기분까지 이해한다. 이것은 뇌가 다른 사람과 자신을 동일시하는 힘을 갖고 있기 때문일지도 모른다.

1996년 이탈리아의 신경생리학자 자코모 리촐라티Giacomo Rizzolatti 팀이 마카크Macaque 원숭이의 동작과 뇌의 관계를 조사하다 우연한 발견을 했다. 사람이 뭔가를 먹고 있노라니, 그것을 본 원숭이의 뇌가 자신이 먹이를 먹을 때와 같은 반응을 나타낸 것이다.

이 에피소드를 통해 리촐라티는 다른 사람의 행동을 보는 것만으로도 그것이 무슨 의미인지를 이해하고 마치 자신이 체험하고 있을 때처럼 활성화하는 신경세포(뉴런)가 있을지도 모른다고 생각했다. 그리고, 거울처럼 다른 사람의 행동을 뇌에서 재현하는 세포를 '거울 뉴런'이라고 이름 붙였다.

원숭이의 뇌에서 거울 뉴런이 발견된 것은 전두엽의 복측腹側 전운동피질ventral premotor cortex에 있는 F5 영역과 하두정엽이었다. 그 후 연구를 통해 인간의 뇌에는 전두엽의 전운동피질, 하전두이랑 등에 거울 뉴런이 있는 것이 알려졌다.

뇌가 낳는 다른 사람을 향한 공감

거울 뉴런은 일명 '모방 세포'라고도 부르며, 다른 사람이 하는 일을 모방하는 기능이 있는 것으로 여겨진다. 아무래도 뇌에는 눈으로 본 정보가 운동 정보로 변환되는 네트워크가 존재하는 것 같다. 아이가 부모를 보고 흉내를 내거나 운동선수의 움직임을 관찰하여 자신의 뇌에서 시뮬

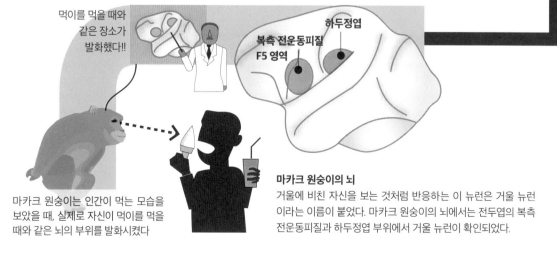

1996년 이탈리아 팔마대학

먹이를 먹을 때와 같은 장소가 발화했다!!

복측 전운동피질 F5 영역　하두정엽

마카크 원숭이는 인간이 먹는 모습을 보았을 때, 실제로 자신이 먹이를 먹을 때와 같은 뇌의 부위를 발화시켰다

마카크 원숭이의 뇌
거울에 비친 자신을 보는 것처럼 반응하는 이 뉴런은 거울 뉴런이라는 이름이 붙었다. 마카크 원숭이의 뇌에서는 전두엽의 복측 전운동피질과 하두정엽 부위에서 거울 뉴런이 확인되었다.

레이션하는 등의 학습 프로세스에도 거울 뉴런이 관여하고 있는 것으로 추측된다.

거울 뉴런의 또 하나의 기능은 다른 사람의 행동을 이해하는 것이다. 이것은 상대방의 마음을 읽는 것이기도 하며, 커뮤니케이션에 필요한 다른 사람에 대한 공감도 여기에서 생겨난다.

다른 사람이 울고 있으면 나도 슬퍼지고, 다른 사람이 웃고 있으면 나까지 즐거워져서 웃었던 경험은 누구나 있을 것이다. 다른 사람의 상처를 보고, 자신이 상처를 입은 것처럼 '아얏!' 하고 소리를 지르기도 한다. 이것 역시 다른 사람의 통증이 자신의 통증으로서 뇌에서 재현되기 때문인 것으로 보고 있다.

거울 뉴런에는 아직 밝혀지지 않은 것이 많지만, 다른 사람과의 공감을 낳는 메커니즘에 크게 관여하므로, 요즘은 커뮤니케이션 장애와의 관련성으로도 주목받고 있다. 예를 들면 다른 사람의 기분을 이해하거나 공감하는 능력이 부족한 자폐 스펙트럼 장애는 거울 뉴런 시스템의 기능장애 때문일 수도 있다고 짐작되고 있다. 이것에 대해서는 86쪽에서 이야기해보자.

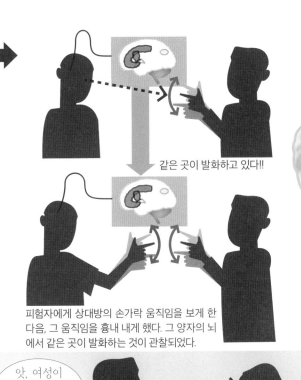

피험자에게 상대방의 손가락 움직임을 보게 한 다음, 그 움직임을 흉내 내게 했다. 그 양자의 뇌에서 같은 곳이 발화하는 것이 관찰되었다.

앗, 여성이 울고 있다

나까지 슬퍼지네.

달래줘야지.

같이 따라 운다

같은 곳이 발화하고 있다!!

커뮤니케이션의 기초 다른 사람에 대한 공감

1999년 인간의 뇌에도, 거울 뉴런 같은 작용이 있었다!!

전전두피질 내측부
공감이나 감정 조절 마음의 이론에 관여한다

하전두회
운동을 유도하고 의도를 평가

측두두정 접합부
단어의 의미를 이해, 지각 정보를 통합

섬
고통이나 혐오의 감정에 관여한다

거울 뉴런계의 작용은

이 실험은 fMRI를 이용했으므로 거울 뉴런 자체는 발견하지 못했다. 그러나 마카크 원숭이에게서 발견된 곳과 거의 같은 영역에서 반응이 보였으므로 거울 뉴런계라고 불린다.

다른 사람의 행위를 흉내 내는 능력

다른 사람의 마음을 추측하는 능력

자폐증과의 관계는

자폐증인 사람은 거울 뉴런의 움직임이 약한 것으로 추측하고 있다. 그러나, 아직 불분명한 부분이 많아 단정할 수는 없다.

망상과 고립으로 고민하는 조현병은 신경전달에 이상이 있다?

도파민 가설과 글루탐산 가설

뇌과학이 진보하면서 마음의 병도 뇌질환의 하나로 다루어지게 되었다. 대표적인 정신질환 가운데 하나인 조현병도 뇌에 어떤 원인이 있을 수 있다고 생각하고 있다.

조현병에는 양성 증상과 음성 증상이라는 상반된 증상이 있으며, 사람에 따라 증상이 다르다. 양성 증상은 '누군가 나를 감시하고 있다' '누군가 나의 험담을 하고 있다' 등의 망상이나 환각, 환청을 동반한다. 한편, 음성 증상은 감정이나 기운이 없어지거나, 방에 틀어박히거나, 주변 일에 둔감해지기도 한다. 이처럼 양면성을 갖고 있으므로 예전에는 정신분열증이라고도 불렀지만, 현재는 조현병調絃病이라고 부른다.

조현병의 2가지 증상 : 현실과 공상의 경계가 무너진다

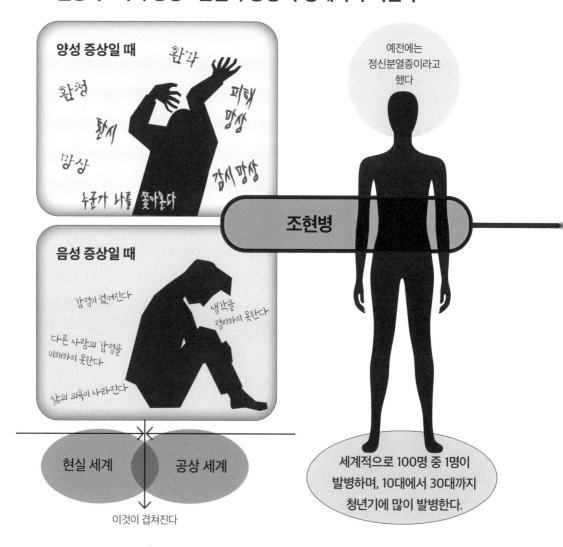

발병 원인은 아직 밝혀지지 않았지만, 뇌의 신경전달물질에서 원인을 찾는 설이 2가지 있다. 하나는 도파민 가설이다. 도파민에는 기분을 고양시키는 작용이 있어서 과도하게 분비되면 조현병의 양성 증상이 나타난다고 보고 있다. 도파민의 작용을 억제하는 약이 조현병 치료에 효과를 보인 것이, 그런 생각을 뒷받침하고 있다.

다른 하나는 글루탐산 가설이다. 1970년대 미국에서 유통되었던 펜시클리딘Phencyclidine이라는 약물의 남용이 조현병과 아주 비슷한 양성과 음성, 양쪽 증상을 일으켜서 사회 문제가 되었다. 연구 결과, 이 약물은 글루탐산 수용체를 방해하여 글루탐산의 기능을 떨어뜨린다는 것이 밝혀졌다. 조현병 역시 글루탐산의 기능 부족으로 발병하는 것이 아닐까, 추측하고 있다.

그 밖에 유전자 수준의 연구도 진행되고 있으며, 특정 유전자의 결함이 조현병과 관계되어 있을 가능성도 제시되고 있다. 그러나 원인은 한 가지가 아니며 환경이나 스트레스 등 여러 가지 요인이 겹쳐서 발병한다는 생각이 유력하다.

발병 원인으로 추측되는 몇 가지 가설과 연구

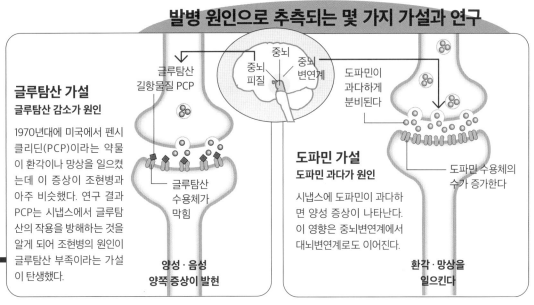

글루탐산 가설
글루탐산 감소가 원인

1970년대에 미국에서 펜시클리딘(PCP)이라는 약물이 환각이나 망상을 일으켰는데 이 증상이 조현병과 아주 비슷했다. 연구 결과 PCP는 시냅스에서 글루탐산의 작용을 방해하는 것을 알게 되어 조현병의 원인이 글루탐산 부족이라는 가설이 탄생했다.

글루탐산 길항물질 PCP

글루탐산 수용체가 막힘

양성·음성 양쪽 증상이 발현

중뇌
중뇌 피질
중뇌 변연계

도파민이 과다하게 분비된다

도파민 가설
도파민 과다가 원인

시냅스에 도파민이 과다하면 양성 증상이 나타난다. 이 영향은 중뇌변연계에서 대뇌변연계로도 이어진다.

도파민 수용체의 수가 증가한다

환각·망상을 일으킨다

원인 유전자도 연구되고 있다

조현병 환자를 대상으로 한 게놈 복제 수의 변이를 모든 게놈에서 해석했다

그 결과 29 게놈 영역에서

자폐 스펙트럼
과 공통변이가 인정되었다

자폐 스펙트럼과 조현병은 생물학적 발병 메커니즘이 공통된다?

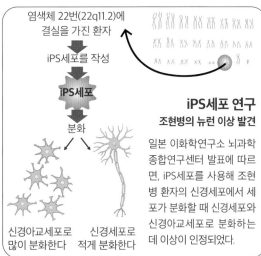

염색체 22번(22q11.2)에 결실을 가진 환자

iPS세포를 작성

iPS세포

분화

iPS세포 연구
조현병의 뉴런 이상 발견

일본 이화학연구소 뇌과학종합연구센터 발표에 따르면, iPS세포를 사용해 조현병 환자의 신경세포에서 세포가 분화할 때 신경세포와 신경아교세포로 분화하는데 이상이 인정되었다.

신경아교세포로 많이 분화한다

신경세포로 적게 분화한다

나고야대학, 일본의료연구개발기구 보도자료에서 (2018. 9. 12.)

우울증과 양극성 장애를 일으키는
모노아민계 신경전달물질의 조절 불량

기분의 조울을 만드는 뇌

우울증은 현재 세계에서 가장 심각한 정신질환으로 여겨진다. 전 세계 환자 수는 3억 명 이상이며 연간 약 80만 명이 우울증 때문에 자살하는 등, 심각한 사태로 각국에서 대책이 논의되고 있다.

우울증은 기분이나 감정의 기복이 심한 기분장애의 하나이다. 기분이 저하되어 아무것도 하고 싶지 않거나, 무엇에도 흥미를 가질 수 없는 등의 증상이 오래 지속되며 종종 불면이나 식욕부진을 동반한다. 이 우울 상태와, 그것과는 반대로 정신적 긴장이 너무 높아지는 조증 상태가 번갈아 나타나는 기분장애를 양극성 장애라고 한다.

기분장애가 생기는 원인으로 주장되고 있는 것이 모노아민monoamine 가설이다. 모노아민이란 세로토

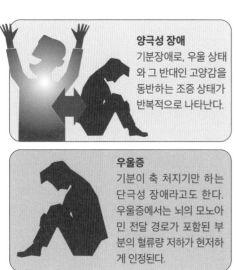

양극성 장애
기분장애로, 우울 상태와 그 반대인 고양감을 동반하는 조증 상태가 반복적으로 나타난다.

우울증
기분이 축 처지기만 하는 단극성 장애라고도 한다. 우울증에서는 뇌의 모노아민 전달 경로가 포함된 부분의 혈류량 저하가 현저하게 인정된다.

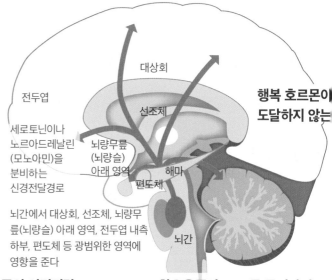

세로토닌이나 노르아드레날린 (모노아민)을 분비하는 신경전달경로

뇌간에서 대상회, 선조체, 뇌량무릎(뇌량슬) 아래 영역, 전두엽 내측 하부, 편도체 등 광범위한 영역에 영향을 준다

대상회
전두엽
선조체
뇌량무릎 (뇌량슬) 아래 영역
해마
편도체
뇌간

행복 호르몬이 도달하지 않는

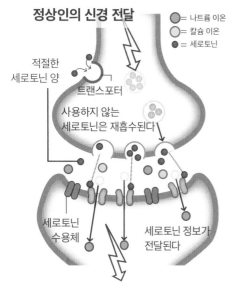

정상인의 신경 전달

●= 나트륨 이온
○= 칼슘 이온
●= 세로토닌

적절한 세로토닌 양
트랜스포터
사용하지 않는 세로토닌은 재흡수된다
세로토닌 수용체
세로토닌 정보가 전달된다

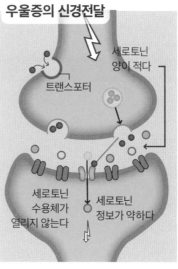

우울증의 신경전달

세로토닌 양이 적다
트랜스포터
세로토닌 수용체가 열리지 않는다
세로토닌 정보가 약하다

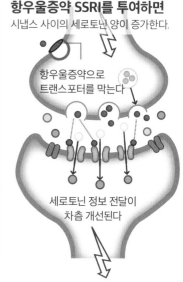

항우울증약 SSRI를 투여하면
시냅스 사이의 세로토닌 양이 증가한다.

항우울증약으로 트랜스포터를 막는다
세로토닌 정보 전달이 차츰 개선된다

닝, 노르아드레날린, 도파민 등 기분이나 감정에 관계하는 신경전달물질을 말한다. 세로토닌은 행복감, 노르아드레날린과 도파민은 의욕을 높이는 작용이 있다. 이것들이 너무 적으면 우울 상태가, 너무 많으면 조증 상태가 되는 건 아닐까, 추측하고 있다.

실제로 모노아민계 신경전달물질을 조절하는 몇 가지 약물이 우울증 치료에 높은 효과를 보이고 있다. 그중에서도 우울증 치료에 가장 많이 쓰는 것이 선택적 세로토닌 재흡수 차단제(selective serotonin reuptake inhibitor, SSRI)이다.

세로토닌뿐만 아니라 신경전달물질은 시냅스에서 분비되면 일부는 받아들이는 쪽의 신경세포에 있는 수용체에 작용하지만, 일부는 그대로 남는다. 아래 그림에서 보이듯이, 남은 세로토닌은 막단백질의 일종인 트랜스포터에 곧바로 재흡수되어 재생된다. SSRI는 이 재흡수 시스템을 차단하여 세로토닌 양을 늘림으로써 우울 상태를 개선하려 하는 것이다. 그 밖에 다양한 항우울증 약이 있지만, 사람에 따라 효과의 유무나 부작용이 다르기 때문에 개인에게 맞는 치료제를 고르는 것이 중요하다.

뇌의 기능 부족이 커뮤니케이션을 방해한다
사람을 잘 사귀지 못하는 자폐 스펙트럼 장애

자폐증과 아스퍼거 증후군

　요즘은 매스컴 등에서 발달장애를 접할 기회가 늘고 있다. 발달장애는 유년기부터 학령기에 걸쳐서 많이 발견되며 예전에는 아이를 키우는 환경이나 교육에 원인이 있다고 생각하여 육아 문제로 고민하는 부모들을 고립시키기도 했다. 그러나 지금은 어떤 원인 때문에 뇌기능이 방해를 받는 뇌의 장애로 보고 있다.

　발달장애에는 자폐증, 아스퍼거 증후군Asperger syndrome, 주의력결핍 과잉행동장애ADHD, 학습장애LD 등이 있다. 한 사람이 여러 개의 장애를 가지기도 하며 사람에 따라 증상이나 정도도 다르다. 여기서는 먼저 자폐증과 아스퍼거 증후군을 통틀어서 부르는 자폐 스펙트럼 장애(ASD, autism spectrum disorder)에 대해서 알아본다.

　자폐증이라고 하면, 자신의 껍데기 안에 갇히는 은둔형 외톨이 같은 이미지를 갖기 쉬운데, 주요 증상으로는 다음 3가지가 있다.

① 언어 발달이 늦고, 다른 사람과 커뮤니케이션을 잘하지 못한다
② 다른 사람의 기분을 잘 파악하지 못하고 사회성이 부족하다
③ 특정 사물이나 행동에 강하게 집착한다

　이런 증상이 나타나더라도 지능 발달은 떨어지지 않는 것은 고기능 자폐증, 지능도 언어도 떨어지지 않는 것은 아스퍼거 증후군이라고 불린다. 이들을 경계 짓기는 어려우며, 현재는 자폐증의 특징을 가진 발달장애를, 중도에서 경도까지 경계가 모호한 연속체(스펙트럼)로 보는 방식이 주류를 이루고 있다.

원인은 뇌기능의 활동 부족

　ASD를 일으키는 뇌기능 이상의 하나로 추측되는 것은 정동에 관여하는 편도체의 활동 부족이다. 상대방의 눈을 보지 않거나 상대의 감정을 읽지 못하는 등, 자폐증의 전형적인 증상은 편도체가 손상된 사람의 증상과 아주 비슷하다. 그래서 편도체에는 시각 정보를 통해 감정을 읽고 인지하는 기능이 있는 것으로 보고 있다.

타인의 기분을 알지 못한다
사회성 문제

특정 사물에 강하게 집착한다
대응 능력 문제

다른 사람과 이야기를 잘하지 못한다
커뮤니케이션 문제

자폐증의 특징적인 마음의 문제

100명 중 1~2명이 발병

3살 전에 증상이 나타난다

다른 사람의 기분을 읽고 커뮤니케이션을 하는 것이 서툰 것은 거울 뉴런(80~81쪽 참조)이 기능하고 있지 않기 때문이라고 주장하는 사람도 있다. fMRI를 사용한 연구에서는 자폐증 환자는 거울 뉴런이 있는 곳으로 여겨지는 하전두이랑(전두엽의 일부), 상측두구(上側頭溝, 측두엽의 일부) 활동이 약하다는 결과가 제시되고 있다.

신경전달물질과의 관련성을 지적하는 주장도 있다. 하나는 ASD에서는, 뇌간에 있는 봉선핵縫線核의 활동이 저하하여 행복감을 높이는 세로토닌이 감소해 있다는 것이다. 다른 하나는 다른 사람과의 신뢰관계를 높이는 옥시토신과의 관련성이다. 도쿄대학 실험에서는 ASD가 다른 사람과의 교류에도 관여하는 복내측 전전두피질의 활동이 약한 것이 판명되었다. 옥시토신을 투여하자 복내측 전전두피질이 활발해져서 커뮤니케이션 장애가 개선되어 옥시토신의 유효성이 주목받고 있다.

자폐증의 원인 가운데 하나로 뇌기능과의 관련성이 연구되고 있다

자폐증과 거울 뉴런계

하전두이랑
거울 뉴런이 있는 곳으로 추측된다. 대화나 운동 등에서 다른 사람을 흉내 내고, 기분을 이해한다.

여기도 거울 뉴런이 있는 곳으로 여겨지며, 상대방의 시선, 표정에 반응하고 그것의 의미를 파악한다

편도체
유쾌/불쾌, 공포 등 정동의 센터. 인간의 감정 표출에 깊이 관여한다.

측두엽

자폐증에는 연속적이고 다양한 상태(스펙트럼)가 존재한다

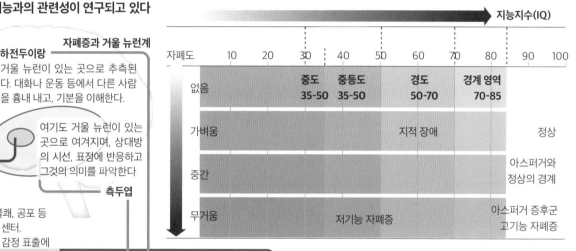

지능지수(IQ)

자폐도	10	20	30	40	50	60	70	80	90	100
없음			중도 35-50	중등도 35-50		경도 50-70		경계 영역 70-85		
가벼움						지적 장애				정상
중간										아스퍼거와 정상의 경계
무거움					저기능 자폐증					아스퍼거 증후군 고기능 자폐증

신경전달물질 부족

내측 전전두피질
옥시토신을 투여하면 활성화

봉선핵
세로토닌 분비

봉선핵에서 분비되는 세로토닌의 양이 적다는 주장도 있다. 또한 타인에게 신뢰를 느끼는 옥시토신 양도 적으며, 내측 전전두피질의 활동 저하와의 관련성도 지적되고 있다.

거울 뉴런 불활성화

자폐증 증상으로는 표정을 통한 커뮤니케이션 장애가 있다. 거울 뉴런계의 불활성, 제휴의 저하가 원인이라는 실험 결과가 발표되어 있다.

편도체 불활성

소리에 과민 반응하는 이유

눈맞춤

상대방의 시선을 피하고, 갑작스러운 소리에 과민 반응을 하는 원인은 정동의 인지를 컨트롤하는 편도체의 활동 부족 때문이라고 생각하고 있다.

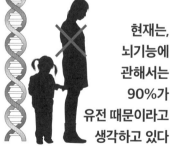

현재는, 뇌기능에 관해서는 90%가 유전 때문이라고 생각하고 있다

자폐증에 대해서, 예전에는 어머니의 육아 방법이 원인이라고 보던 시기가 있었다. 현재 자폐증 모친 원인설은 완전히 부정되고 있다.

주의력 결핍 과잉행동장애와 학습장애도
뇌기능의 트러블 때문에 생긴다

ADHD는 신경전달물질이 부족하다

자폐 스펙트럼 이외의 발달장애로, 주의력 결핍 과잉행동장애ADHD와 학습장애LD를 이야기해본다.

ADHD는 이름 그대로, 주의력이 부족하여 안절부절 못하고 돌아다니거나 충동적으로 행동하는 것이 특징이다. 학령기에 많이 발병하며 학교에서 말썽을 부리는 일도 적지 않다.

의욕이나 쾌감을 낳는 신경전달물질인 도파민이나 노르아드레날린이 부족하면 발병한다고 추측한다. 도파민이 너무 많아 흥분해서 부산해지는 것 같지만, 사실은 반대다. 정상적인 사람은 도파민이 증가하면 의욕이 솟구치고 집중력이 지속된다. 그러나, ADHD에서는 도파민이 적으므로 의욕이나 관심을 갖지 못하고 한 가지를 지속하지 못한다. 그러므로 도파민을 늘리는 약이 증상을 개선하기도 한다.

주의력 결핍 과잉행동장애(ADHD)

학령기 어린이의 3~7%가 ADHD라고 한다

충동성 / 과잉 행동 / 주의력 결핍

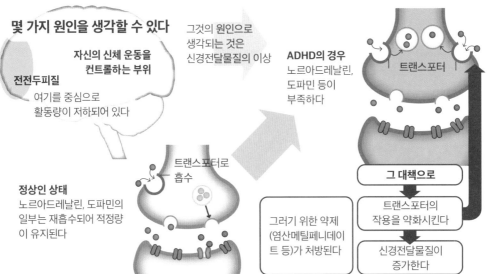

몇 가지 원인을 생각할 수 있다

그것의 원인으로 생각되는 것은 신경전달물질의 이상

자신의 신체 운동을 컨트롤하는 부위

전전두피질
여기를 중심으로 활동량이 저하되어 있다

ADHD의 경우
노르아드레날린, 도파민 등이 부족하다

트랜스포터

정상인 상태
노르아드레날린, 도파민의 일부는 재흡수되어 적정량이 유지된다

트랜스포터로 흡수

그러기 위한 약제 (염산메틸페니데이트 등)가 처방된다

그 대책으로

트랜스포터의 작용을 약화시킨다

신경전달물질이 증가한다

읽기쓰기 장애는 뇌기능 부족

한편, LDlearning disorder는 지적장애는 아닌데 읽고 쓰거나 회화, 계산, 추론 중 특정 분야에서 두드러지게 낮은 성취가 보이는 장애다. 다른 공부는 잘하는데 수학 계산을 못한다, 글자를 정확하게 읽고 쓰는 것이 서툴다, 등 사람에 따라 증상은 다양하다.

LD의 원인은 아직 밝혀지지 않았지만, LD의 하나인 발달성 난독증(읽기쓰기 장애)은 음운音韻 처리라는 뇌기능의 장애라고 보고 있다. 음운 처리란, 글자와 소리를 연결해서 인식하는 것을 말한다. 이 장애가 있는 사람은 언어 영역이 있는 좌반구, 특히 좌측두엽의 활동이 저하되어 있으며, 언어가 다르면 기능 부족이 보이는 부위나 유병률도 다른 것으로 알려져 있다.

일본은 알파벳을 쓰는 언어권에 비해서 유병률은 적지만 음운 처리의 숙달성에 관여하는 좌상 측두이랑의 활동 저하가 보이며, 알파벳 언어권에서는 거의 지적되지 않는 대뇌기저핵의 이상 또한 보고되어 있다.

학습장애(LD)

발달성 난독증(DD)

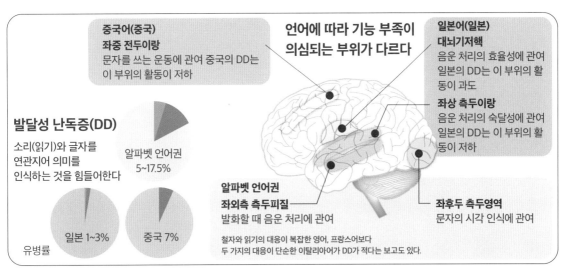

우리를 휴식과 꿈으로 유도하여
수면과 각성을 조절하는 뇌

아침에 일어나고 밤에 잠을 자는 메커니즘

아침이 되면 눈이 떠지고, 밤이 되면 잠이 오는 것은 시상하부를 중심으로 하여 뇌의 다양한 부위가 작용하기 때문이다.

시상하부의 안쪽, 좌우의 시신경이 교차하는 장소 가까이에 있는 시교차상핵視交叉上核은 생체리듬의 최고사령부라고 할 만한 존재이다. 빛의 명암 등 외계의 정보를 받아들여 체내시계를 조절하고 하루의 리듬을 새긴다. 어두워지면 시상상부에 있는 송과체에 작용하여 '밤의 호르몬'이라고도 부르는 멜라토닌을 분비하게 한다. 이 멜라토닌이 증가하면 잠이 오게 된다.

시상하부는 수면 상태와 각성 상태도 컨트롤한다. 낮 동안에는 오렉신orexin이나 히스타민 등, 흥분성

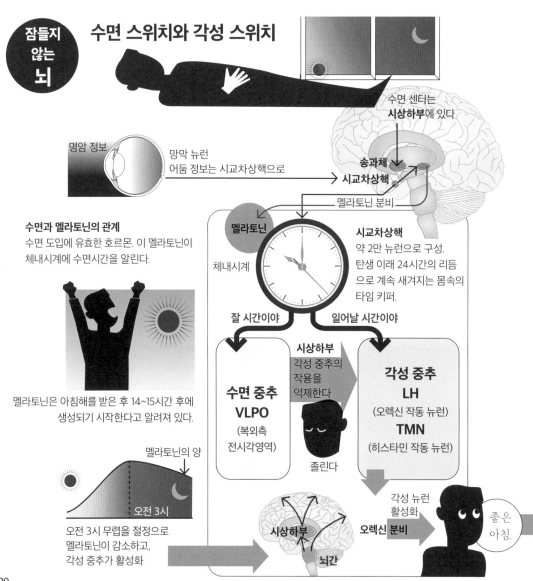

잠들지 않는 뇌

수면 스위치와 각성 스위치

수면 센터는 **시상하부**에 있다

명암 정보
망막 뉴런
어둠 정보는 시교차상핵으로

송과체
시교차상핵
멜라토닌 분비

수면과 멜라토닌의 관계
수면 도입에 유효한 호르몬. 이 멜라토닌이 체내시계에 수면시간을 알린다.

멜라토닌

체내시계

시교차상핵
약 2만 뉴런으로 구성.
탄생 이래 24시간의 리듬
으로 계속 새겨지는 몸속의
타임 키퍼.

멜라토닌은 아침해를 받은 후 14~15시간 후에 생성되기 시작한다고 알려져 있다.

잘 시간이야   일어날 시간이야

시상하부
각성 중추의
작용을
억제한다

**수면 중추
VLPO**
(복외측
전시각영역)

졸린다

**각성 중추
LH**
(오렉신 작동 뉴런)
TMN
(히스타민 작동 뉴런)

멜라토닌의 양

오전 3시

오전 3시 무렵을 절정으로
멜라토닌이 감소하고,
각성 중추가 활성화

시상하부

뇌간

각성 뉴런
활성화
오렉신 분비

좋은
아침.

신경전달물질을 만드는 신경세포를 활성화시켜 각성 상태를 유지하려 한다. 반대로 밤이 되면 억제성 신경전달물질인 가바(GABA, gamma-aminobutyric acid)를 만드는 신경세포를 활성화시켜 각성 상태를 억제한다. 이 균형이 무너지면 불면증이나 나르콜렙시(narcolepsy, 기면증) 등의 수면장애를 일으킨다.

수면에는 렘수면과 비렘수면이 있다. 렘REM이란 Rapid Eye Movement(고속안구운동)의 약칭이며, 잠을 자는 동안에도 눈꺼풀 아래에서 안구가 급속히 움직이고 있는 상태를 가리킨다. 렘수면 중에는 뇌간의 운동신경이 억제되므로 몸은 휴식을 취하고 있지만 기억에 관여하는 해마, 감정에 관여하는 편도체, 시각에 관여하는 시각 영역 등은 활동하고 있다. 렘수면 중에 꿈을 꾸는 일이 많은 것은 이 때문이다. 사건 기억이나 감정이 단편적으로 나타나고, 눈을 감고 있어도 시각 영역이 '보고' 있는 것이다.

비렘수면은 렘 상태가 아닌 깊은 잠을 말한다. 대뇌피질의 신경세포 활동이 저하하고 뇌도 이완된다. 렘수면과 비렘수면은 90분을 주기로 번갈아 반복된다. 그리고 아침이 가까워지면 렘수면이 되어 뇌는 깨어날 준비를 시작한다. 우리가 기억하는 꿈은 일어나기 직전의 렘수면 중에 꾸는 꿈이다.

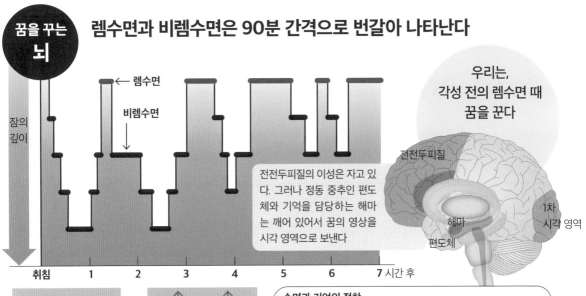

꿈을 꾸는 뇌

렘수면과 비렘수면은 90분 간격으로 번갈아 나타난다

잠의 깊이

← 렘수면

비렘수면

취침　1　2　3　4　5　6　7 시간 후

전전두피질의 이성은 자고 있다. 그러나 정동 중추인 편도체와 기억을 담당하는 해마는 깨어 있어서 꿈의 영상을 시각 영역으로 보낸다

우리는, 각성 전의 렘수면 때 꿈을 꾼다

전전두피질
해마
편도체
1차 시각 영역

비렘수면
렘이 없는 깊은 수면이지만 뇌는 활동을 멈추고 있지 않다. 각성 시의 80%의 혈류가 있다.

렘수면(REM)
렘(안구고속운동)이 있으며 운동신경이 뇌간에서 억제되어 몸은 릴렉스하고 있다.

수면과 기억의 정착
학습 직후에 잠을 자면 학습 성과가 오른다는 많은 실험 결과가 있으며, 수면이 기억과 깊이 연관되어 있음은 확실하다. 수면 중에도 해마가 활발하게 작용하여 각성 중의 기억을 플레이백하고 있다는 주장도 있다(67쪽).

꿈이 황당무계한 이유는?
꿈을 꿀 때, 해마와 동시에 편도체, 뇌간 등의 공포, 불안, 적대 감정에 관여하는 부위가 활성화된다. 반대로 전전두피질 등의 판단, 윤리 등의 부위는 활동하지 않는다. 그러므로 꿈은 이성의 통제가 없는 황당무계한 것이 된다.

렘수면에서는 몸이 움직이지 않는 이유는?
잠든 고양이를 이용하여 뇌간의 운동신경 차단을 해제하는 실험을 했다. 그러자 존재하지 않는 먹이를 먹으려 하거나 도약하는 등, 꿈을 꾸는 대로 움직였다.

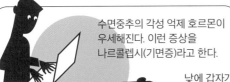

수면중추의 각성 억제 호르몬이 우세해진다. 이런 증상을 나르콜렙시(기면증)라고 한다.

낮에 갑자기 깊은 잠에 빠진다

오렉신이 부족하면 수면장애가 생긴다

뇌가 쾌감을 계속 추구하는 이유는?

끊고 싶어도 끊을 수 없는 의존증

쾌감의 기억이 의존성을 강화한다

　의존증은 특정한 사물이나 행위에서 쾌감이나 자극을 구하고, 그것이 없으면 평정심을 유지할 수 없는 상태를 가리킨다. 위에서 제시했듯이 알코올이나 약물, 도박 등의 의존증에 더해 요즘은 게임이나 인터넷에 몰두하여 일상생활에 지장을 초래하거나, 쇼핑을 끊지 못해 카드빚에 시달리는 사람도 늘어나서 사회 문제가 되고 있다.

　의존을 끊지 못하는 것은 뇌가 한번 알아버린 쾌감을 계속 추구하기 때문이기도 하다. 쾌감을 낳는 원인의 하나는 이 책에서도 여러 번 등장한 신경전달물질인 도파민이다. 75쪽에서 보았듯이 쾌감 정보를 받으면 뇌간에 있는 복측 피개 영역이 반응한다. 거기에서 신호를 받은 측좌핵이 도파민을 분비하여

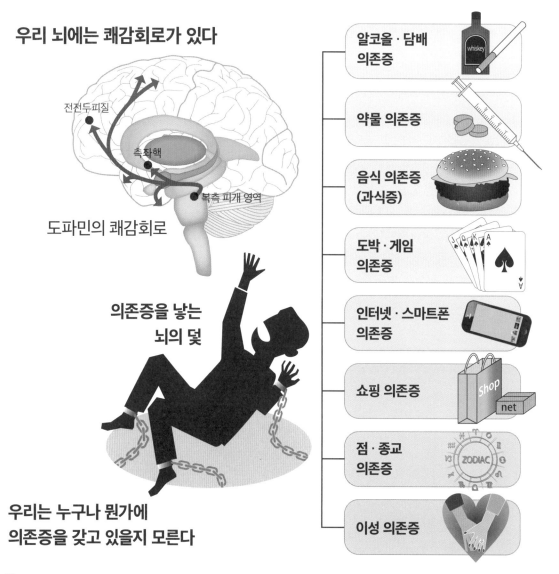

우리 뇌에는 쾌감회로가 있다

전전두피질

측좌핵

복측 피개 영역

도파민의 쾌감회로

의존증을 낳는
뇌의 덫

우리는 누구나 뭔가에
의존증을 갖고 있을지 모른다

알코올 · 담배
의존증

약물 의존증

음식 의존증
(과식증)

도박 · 게임
의존증

인터넷 · 스마트폰
의존증

쇼핑 의존증

점 · 종교
의존증

이성 의존증

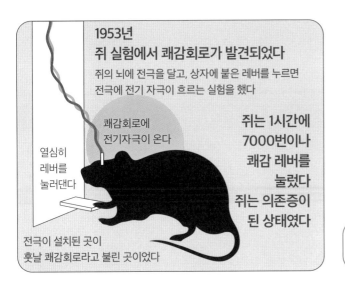

1953년
쥐 실험에서 쾌감회로가 발견되었다

쥐의 뇌에 전극을 달고, 상자에 붙은 레버를 누르면
전극에 전기 자극이 흐르는 실험을 했다

쾌감회로에
전기자극이 온다

열심히
레버를
눌러댄다

전극이 설치된 곳이
훗날 쾌감회로라고 불린 곳이었다

쥐는 1시간에
7000번이나
쾌감 레버를
눌렀다
쥐는 의존증이
된 상태였다

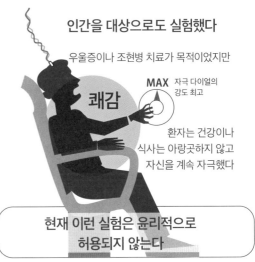

인간을 대상으로도 실험했다

우울증이나 조현병 치료가 목적이었지만

쾌감

MAX 자극 다이얼의
강도 최고

환자는 건강이나
식사는 아랑곳하지 않고
자신을 계속 자극했다

**현재 이런 실험은 윤리적으로
허용되지 않는다**

약물 의존증에도 쾌감회로가 작용한다

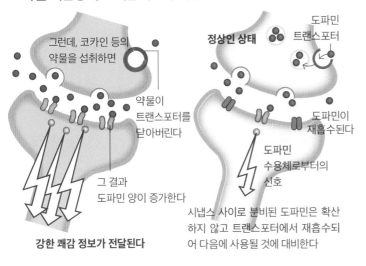

그런데, 코카인 등의
약물을 섭취하면

약물이
트랜스포터를
닫아버린다

그 결과
도파민 양이 증가한다

강한 쾌감 정보가 전달된다

정상인 상태

도파민
트랜스포터

도파민이
재흡수된다

도파민
수용체로부터의
신호

시냅스 사이로 분비된 도파민은 확산
하지 않고 트랜스포터에서 재흡수되
어 다음에 사용될 것에 대비한다

의존증에 빠지는 것은 쾌감회로에
쾌감의 기억이 고정되기 때문

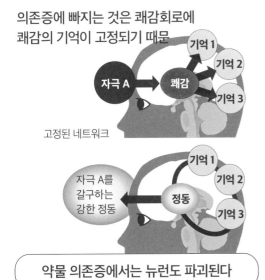

자극 A → 쾌감 → 기억 1, 기억 2, 기억 3

고정된 네트워크

자극 A를
갈구하는
강한 정동

정동 → 기억 1, 기억 2, 기억 3

약물 의존증에서는 뉴런도 파괴된다

쾌감이나 기쁨이 생긴다. 이 쾌감 정보는 편도체에서 인식되고 해마로 보내져서 기억으로 저장된다. 뇌에는 이처럼 쾌감에 관여하는 네트워크가 있으며 '쾌감회로' 또는 '보수계報酬系'라고도 불린다.

인간이나 동물에게 쾌감회로가 갖춰져 있다는 것은 원래는 생존에 필요한 식욕이나 성욕을 충족시키기 위해서라고 생각하고 있다. 도파민도 적절하게 분비되면 활기의 토대가 된다. 그런데 의존성이 강한 물질을 섭취하면 도파민이 대량으로 분비되어 강한 쾌감이 생긴다. 도파민의 대량 분비를 부르는 원인은 의존성 물질에 따라 다르다. 예를 들면 각성제의 경우, 약물에 함유된 화학물질이, 시냅스에 전달될 때 여분의 도파민을 재흡수하는 트랜스포터의 작용을 방해하며, 그 결과 도파민의 양을 증가시키는 것으로 알려져 있다.

이 체험이 한 번으로는 끝나지 않는 이유는 쾌감의 기억이 고정화되기 때문이다. 쾌감을 얻기 위해 같은 행동을 반복하고, 끊으면 금단 증상이 생기는 일이 반복된다. 이리하여 쾌감회로의 포로가 되어버리는 것이다.

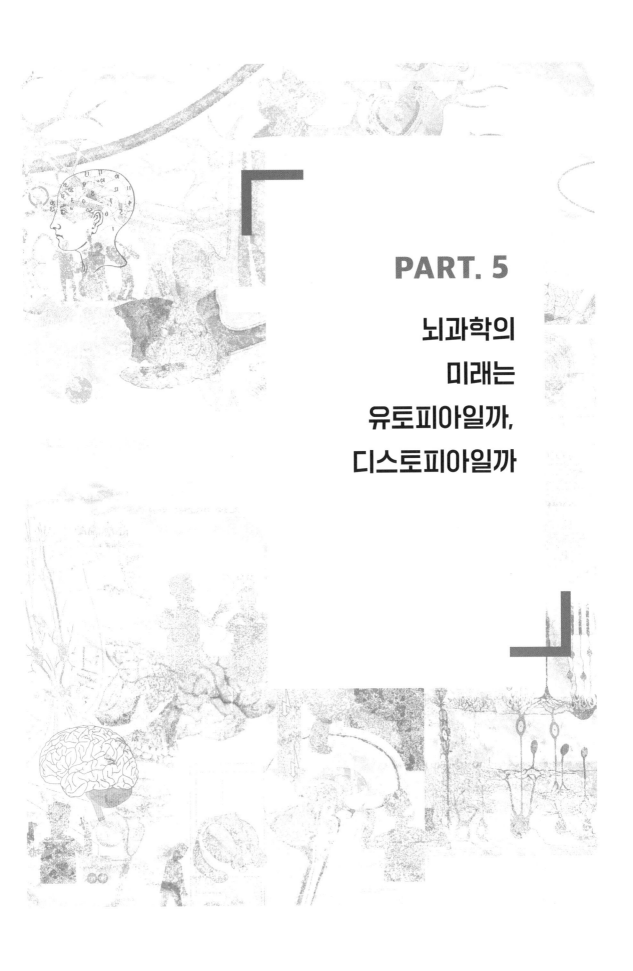

PART. 5

뇌과학의
미래는
유토피아일까,
디스토피아일까

다양한 접근을 통해 진전하는
뇌연구의 4가지 분야

인간의 뇌연구에서 기계뇌의 개발까지

"21세기의 새로운 과학의 프런티어는 인간의 '뇌'이다." 미국의 오바마 전 대통령은 이렇게 선언하면서 2013년에 국가 프로젝트 '브레인 이니셔티브Brain Initiative'를 가동시켰다. 유럽의 '휴먼 브레인 프로젝트', 일본의 '혁신뇌'를 비롯하여 오스트레일리아, 캐나다, 중국, 한국 등이 뒤를 이으면서 이제 뇌연구는 국가 프로젝트의 양상을 띠고 있다.

여기서부터는 이처럼 가속도를 높이고 있는 뇌연구 진행 상황과 연구자가 보는 미래도를 간략하게 살펴보자. 여기서는 현재의 뇌연구 영역을 크게 4가지 분야로 정리해본다.

첫 번째 분야는 인류가 끌어안고 있는 뇌의 질병을 치료하기 위한 최신 의료기술이다. 뇌의 신경세포

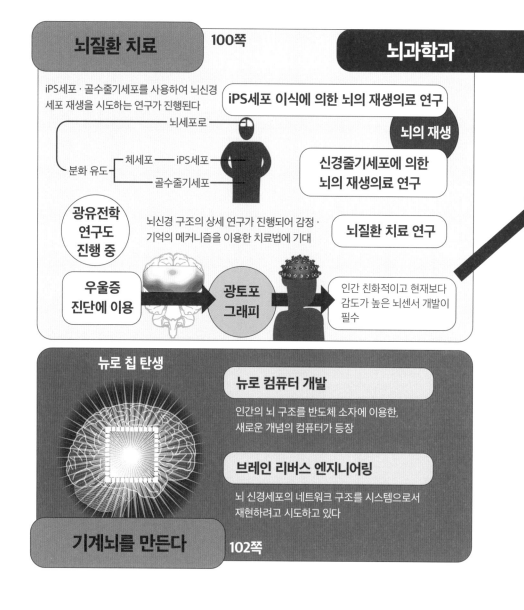

재생을 지향하는 iPS세포(유도만능줄기세포), 줄기세포 이식, 유전자 조작을 통한 뇌질환 치료 등이 여기에 포함된다.

　두 번째 분야는 우리의 '마음'과 '의식', 또는 사회를 운영하는 능력을 만드는 '사회뇌'를 탐구하는 연구이다. 넓게는 '인지과학'이라고 불리며 다양한 영역에서 접근을 시도하고 있다.

　세 번째 분야는 살아 있는 인간의 뇌 활동을 다양한 기술을 동원하여 확장, 또는 공유하려 하는 시도이다. 그중 하나가 뇌의 사고에 의해 기계 조작을 가능하게 하는 뇌-기계 인터페이스BMI이다.

　네 번째 분야는 컴퓨터 시스템 상에서 인간의 뇌기능을 재현하려는 시도이다. 인간의 뇌에 버금가는 뉴런과 시냅스 회로를 가진 컴퓨터, 인간 뇌의 신경회로를 정확하게 그려내는 뇌 매핑 등의 연구가 진행되고 있다.

　이들 4가지 분야는 인공지능AI, 유전자 연구, 정밀한 뇌 스캐닝 기술에 의해 서로 보완하고 자극하며 미래를 향해 나아가고 있다. 각각의 분야의 현황과 미래도를 자세히 살펴보자.

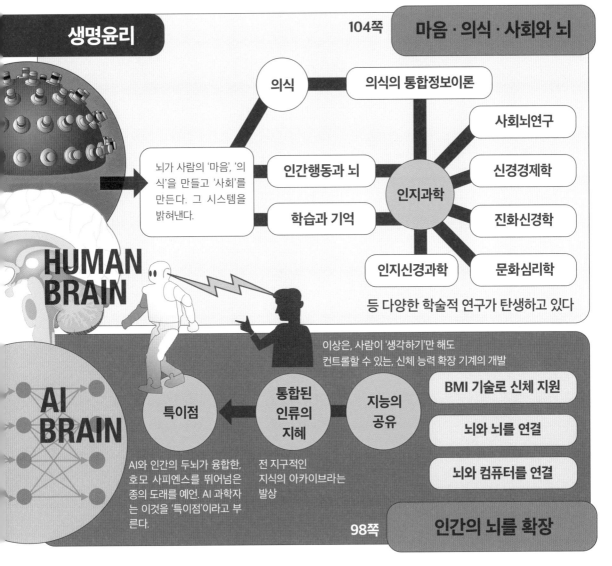

생명윤리

104쪽 　마음 · 의식 · 사회와 뇌

의식 ─ 의식의 통합정보이론

사회뇌연구

신경경제학

인지과학

진화신경학

문화심리학

뇌가 사람의 '마음', '의식'을 만들고 '사회'를 만든다. 그 시스템을 밝혀낸다.

인간행동과 뇌

학습과 기억

인지신경과학

등 다양한 학술적 연구가 탄생하고 있다

HUMAN BRAIN

이상은, 사람이 '생각하기'만 해도 컨트롤할 수 있는, 신체 능력 확장 기계의 개발

AI BRAIN

특이점 ← 통합된 인류의 지혜 ← 지능의 공유

BMI 기술로 신체 지원

뇌와 뇌를 연결

뇌와 컴퓨터를 연결

AI와 인간의 두뇌가 융합한, 호모 사피엔스를 뛰어넘은 종의 도래를 예언. AI 과학자는 이것을 '특이점'이라고 부른다.

전 지구적인 지식의 아카이브라는 발상

98쪽　인간의 뇌를 확장

인간의 뇌와 기계를 연결하는
뇌-기계 인터페이스

뇌의 확장과 공유를 지향하는 기술 개발

2013년에 오사카대학 의학부속병원에서 세계 최초로 획기적인 실험이 이루어졌다. 신체 기능을 잃은 근위축증 환자가 머리로 생각하기만 해도 문자 입력 기계를 사용하여 의사를 전달하고, 로봇팔을 조작하여 공을 움켜쥘 수 있게 된 것이다.

뇌와 외부의 기계를 연결하고 그것을 조작할 수 있게 하는 일련의 기술은 뇌-기계 인터페이스BMI라고 불린다. 이 실험의 성공으로 인간의 뇌와 기계를 연결하는 기술의 개발은 원래 목적이었던 장애자 지원뿐만 아니라 의료, 간호, 복지, 교육 등 폭넓은 용도로 진전하고 있다.

BMI 연구 개발은 뇌과학뿐만 아니라 뇌와 기계를 연결하는 폭넓은 분야의 기술을 필요로 한다. 예를 들면 뇌의 미약한 자기 데이터에서 뇌의 기능을 탐지하는 연구, 그 데이터를 기계언어로 번역하는 정보과학, 기계 조작을 실현하는 기계공학 등을 결집시킬 필요가 있다. 이런 전자공학, 제어공학은 일본이 뛰어난 분야라고 할 수 있다.

BMI 기술의 첫 관문인, 뇌가 생각하는 것을 읽어내는 기술은 새로운 연구 분야도 만들어낸다. 예를 들면, 교토대학 대학원 정보학연구과의 가미타니 유키야쓰神谷之康 교수가 진행하는, 지각한 영상이나 꾼 꿈을 뇌의 신호로 인코딩하여 컴퓨터에서 영상으로 재현하는 연구도 그것의 하나이다. 인간의 다양한 사고를 컴퓨터에 연결하는 기술은 뇌-컴퓨터 인터페이스(Brain-Computer Interface, BCI)라고 불리며, 인간 능력의 확장이라는 21세기 과학의 꿈과 직결되는 기술이다.

2016년 미국 테슬라 사의 CEO 일론 머스크는 인간의 뇌에 칩을 심어서 AI 컴퓨터와 접속하는 기술을 개발하는 새로운 회사를 세웠다. SNS 세계의 절대강자인 메타(페이스북)도 같은 기술의 개발을 표명하고 있다. 이전부터 AI의 위험성에 우려를 표명했던 머스크는 이 기술을 사용하여 인간의 뇌에 의해 AI의 폭주를 막는 것이 목적이라고 말하고 있다.

인간의 뇌를 컴퓨터가 아니라 다른 사람의 뇌와 직접 연결하려는 아이디어도 있다. 이미 쥐 실험에서는 성공했으며, 연구자들은 미래의 목표로 인간의 뇌의 지식을 전송하는 것을 내걸고 있다.

인류의 지성을 공유하려 하는 이 꿈은 과연 실현될 수 있을까.

노스캐롤라이나으
대학 연구실

브라질 쥐가
학습한 것을
미국 쥐가
훈련 없이 재현

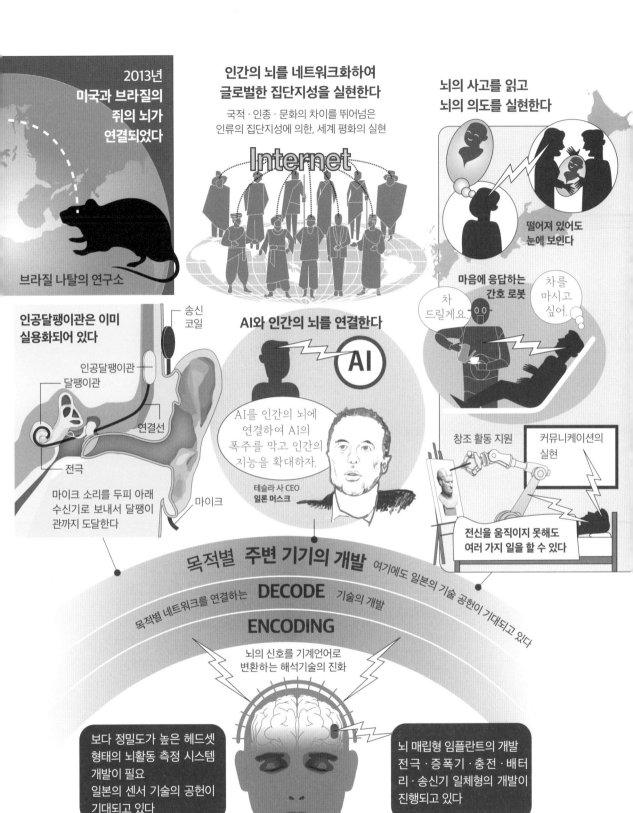

**2013년
미국과 브라질의
쥐의 뇌가
연결되었다**

브라질 나탈의 연구소

**인간의 뇌를 네트워크화하여
글로벌한 집단지성을 실현한다**

국적·인종·문화의 차이를 뛰어넘은
인류의 집단지성에 의한, 세계 평화의 실현

Internet

**뇌의 사고를 읽고
뇌의 의도를 실현한다**

떨어져 있어도
눈에 보인다

마음에 응답하는
간호 로봇

차
드릴게요.

차를
마시고
싶어.

**인공달팽이관은 이미
실용화되어 있다**

송신
코일

인공달팽이관
달팽이관

연결선

전극

마이크

마이크 소리를 두피 아래
수신기로 보내서 달팽이
관까지 도달한다

AI와 인간의 뇌를 연결한다

AI

AI를 인간의 뇌에
연결하여 AI의
폭주를 막고 인간의
지능을 확대하자.

테슬라 사 CEO
일론 머스크

창조 활동 지원

**커뮤니케이션의
실현**

**전신을 움직이지 못해도
여러 가지 일을 할 수 있다**

목적별 주변 기기의 개발 여기에도 일본의 기술 공헌이 기대되고 있다

목적별 네트워크를 연결하는 **DECODE** 기술의 개발

ENCODING

뇌의 신호를 기계언어로
변환하는 해석기술의 진화

보다 정밀도가 높은 헤드셋
형태의 뇌활동 측정 시스템
개발이 필요
일본의 센서 기술의 공헌이
기대되고 있다

뇌 매립형 임플란트의 개발
전극·증폭기·충전·배터
리·송신기 일체형의 개발이
진행되고 있다

사람의 뇌가 보내는 신호를 정확하게 잡아내는 센서 시스템의 개발

'재생하는 뇌세포' 발견을 계기로 진행되는 뇌의 재생의료 연구

뇌질환 치료에 기대를 모으고 있는 줄기세포

신경세포는 주로 태아일 때 만들어지며 출생 후에는 만들어지는 신경세포가 격감한다고 알려져 있다. 성인이 되면 새로운 신경세포는 생기지 않으며 질환으로 잃어버린 세포를 재생하는 일은 불가능하다고 여겨져 왔다.

그런데 1998년에 게이오대학의 오카노 히데유키岡野栄之 교수가 성인의 뇌실 주위에서 새로운 신경세포를 만들어내는 줄기세포를 발견했다. 이것을 계기로 뇌의 재생의료 연구가 거대한 도약의 시간을 맞이하고 있다.

신경세포를 재생하는 치료법이란 뭘까? 현재, 가장 그것의 필요성이 지적되는 치매의 한 가지 원인이 되는 파킨슨병에 대해 알아보자. 파킨슨병은 중뇌의 흑질에서 대뇌 기저핵의 선조체로 도파민을 보내는 신경이 손상되면 발병하는 질환이다.

현재 연구가 진행되고 있는 것은 이 손상된 부분에 세포 재생을 촉진하는 세포(도너 세포)를 이식하는 치료법이다. 도너 세포의 후보로 현재 기대를 모으고 있는 것이 줄기세포이다. 줄기세포란 생물의 몸을 만드는 세포의 원천이 되는 세포이다. 증식 과정에서 다양한 세포로 분화(변화)하여 우리 몸의 장기를 만들어간다. 이 줄기세포를 목적한 세포로 분화시켜서 배양하여 손상된 뇌의 부분에 이식하는 것이다.

최근 연구에서 도너 세포로 이용할 수 있을 만한 줄기세포가 잇따라 발견되고 있다. 골수에서 발견된 골수줄기세포, 뇌의 신경으로 분화하는 신경줄기세포, 인간의 수정란 배아에서 만들어지는 ES세포(배아줄기세포), 그리고 교토대학의 야마나카 신야山中伸弥 교수가 마우스의 피부에서 만들어낸 iPS세포 등이다.

이들 도너 세포 후보가 실용화되려면 아직 많은 과제가 있다. ES세포는 인간의 수정란을 사용하므로 윤리적인 문제가 있으며 iPS세포는 암으로 변할 위험성 등 안전성 과제가 남아 있다.

그런 연구 가운데 이미 임상실험이 시작된 것이 뇌경색 재생치료를 위한 골수줄기세포 이식이다. 먼저, 뇌경색 환자 본인의 골수에서 골수줄기세포를 분리하여 증식 배양한다. 다음으로, 이 배양세포를 대량 배양하여 동결보존한다. 그러는 동안에 검사를 거친 다음 녹여서 정맥주사로 투여한다. 이 방법은 환자 본인의 줄기세포라는 점에서 면역거부반응이 없고, 또한 주사함으로써 환자의 부담이 적다는 점이 뛰어나다고 말할 수 있다.

이런 치료법은 아직 실용 단계에 이르지는 않았지만 가까운 미래에 주사 한 번으로 뇌질환 치료가 가능해지는 시대가 올지도 모르겠다.

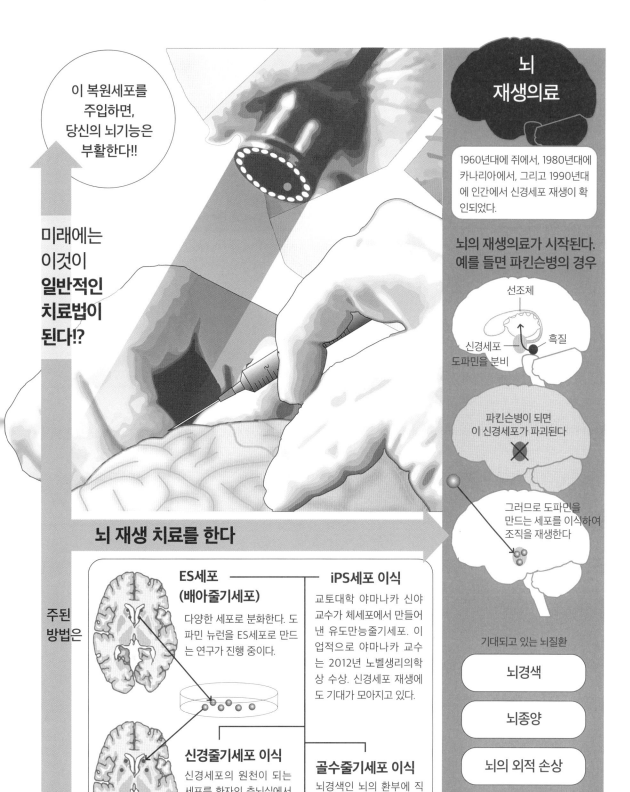

이 복원세포를 주입하면, 당신의 뇌기능은 부활한다!!

미래에는 이것이 **일반적인 치료법이 된다!?**

뇌 재생 치료를 한다

뇌 재생의료

1960년대에 쥐에서, 1980년대에 카나리아에서, 그리고 1990년대에 인간에서 신경세포 재생이 확인되었다.

뇌의 재생의료가 시작된다. 예를 들면 파킨슨병의 경우

선조체

신경세포 — 도파민을 분비

흑질

파킨슨병이 되면 이 신경세포가 파괴된다

그러므로 도파민을 만드는 세포를 이식하여 조직을 재생한다

기대되고 있는 뇌질환

뇌경색

뇌종양

뇌의 외적 손상

뇌신경 질환

주된 방법은

ES세포 (배아줄기세포)

다양한 세포로 분화한다. 도파민 뉴런을 ES세포로 만드는 연구가 진행 중이다.

iPS세포 이식

교토대학 야마나카 신야 교수가 체세포에서 만들어 낸 유도만능줄기세포. 이 업적으로 야마나카 교수는 2012년 노벨생리의학상 수상. 신경세포 재생에도 기대가 모아지고 있다.

신경줄기세포 이식

신경세포의 원천이 되는 세포를 환자의 측뇌실에서 채취하여 목적 세포로 분화시켜 환자 자신에게 이식한다.

골수줄기세포 이식

뇌경색인 뇌의 환부에 직접 주입하여 환부 세포의 재생을 촉진하는 효과가 기대되고 있다.

기계뇌 뉴로 컴퓨터와
뇌의 리버스 엔지니어링

인간처럼 생각하는 컴퓨터

컴퓨터 과학자의 궁극의 꿈은 인간의 두뇌처럼 사고하는 컴퓨터를 실현하는 것이다. 뇌과학자들이 20세기 초에 발견한 뉴런의 작용을 수학적으로 모델링하는 아이디어가 생겨 1958년에 심리학자 프랭크 로젠블랫Frank Rosenblatt이 수학적 뉴런 모델을 고안했다. 이 모델은 퍼셉트론Perceptron이라고 하며, 인공지능 연구도 여기서 시작되었다. 이후 60년 이상 지난 2015년에 뉴런 모델의 소자를 집적화한 IC칩이 개발되었다. 이 칩을 탑재한 컴퓨터가 뉴로 컴퓨터이다.

그럼, 이 컴퓨터는 기존의 것과 어떻게 다를까? 그것을 나타낸 것이 아래 그림이다. 이것을 토대로 아주 간단히 말하면, 예를 들어 100번의 연산이 필요할 때 기존 컴퓨터는 성실하게 100번을 계산하지만,

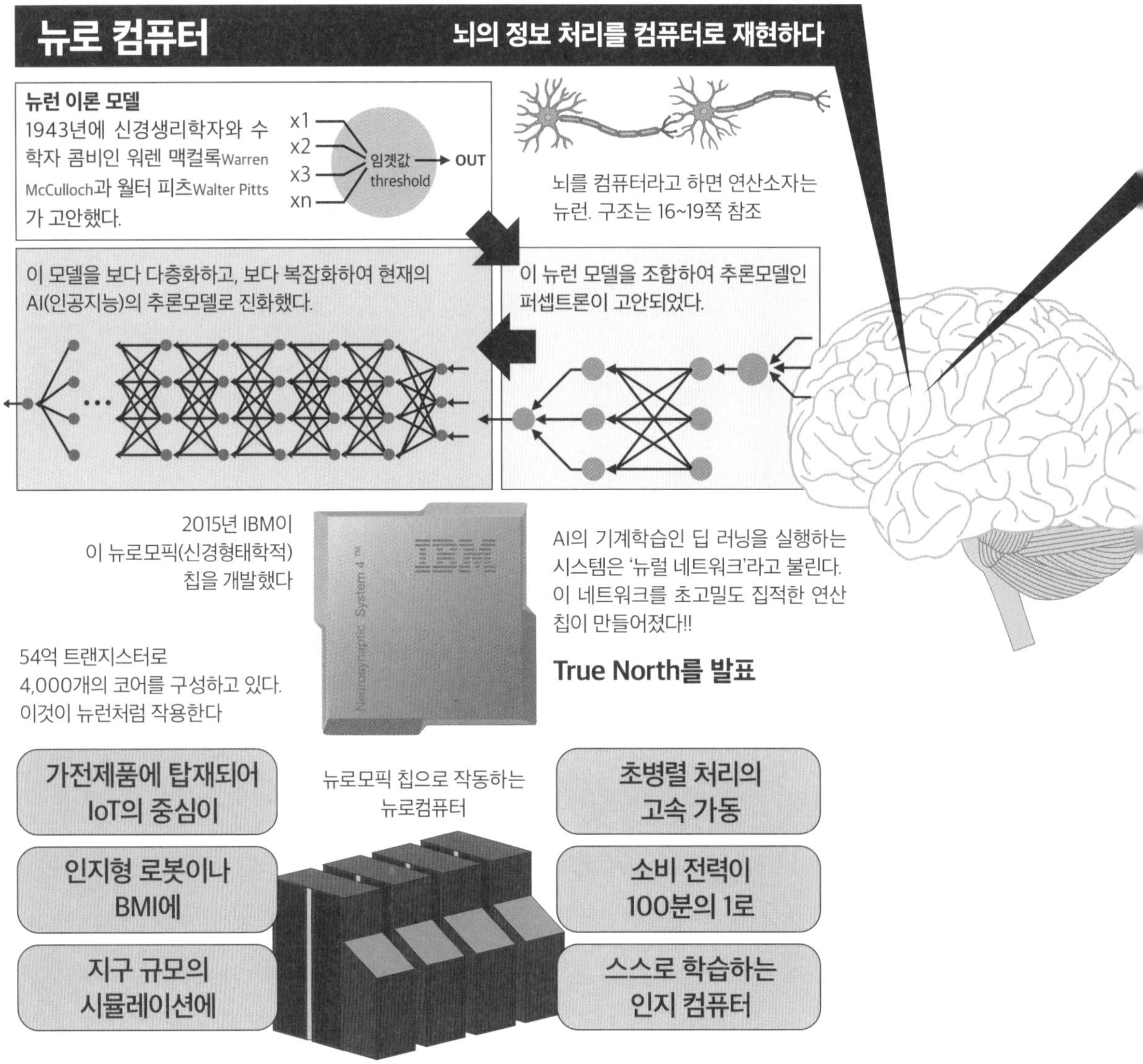

뉴로 컴퓨터 　　　뇌의 정보 처리를 컴퓨터로 재현하다

뉴런 이론 모델
1943년에 신경생리학자와 수학자 콤비인 워렌 맥컬록Warren McCulloch과 월터 피츠Walter Pitts가 고안했다.

x1
x2
x3
xn
임곗값
threshold
→ OUT

뇌를 컴퓨터라고 하면 연산소자는 뉴런. 구조는 16~19쪽 참조

이 모델을 보다 다층화하고, 보다 복잡화하여 현재의 AI(인공지능)의 추론모델로 진화했다.

이 뉴런 모델을 조합하여 추론모델인 퍼셉트론이 고안되었다.

2015년 IBM이 이 뉴로모픽(신경형태학적) 칩을 개발했다

Neurosynaptic System 4 ™

AI의 기계학습인 딥 러닝을 실행하는 시스템은 '뉴럴 네트워크'라고 불린다. 이 네트워크를 초고밀도 집적한 연산 칩이 만들어졌다!!

True North를 발표

54억 트랜지스터로 4,000개의 코어를 구성하고 있다. 이것이 뉴런처럼 작용한다

뉴로모픽 칩으로 작동하는 뉴로컴퓨터

가전제품에 탑재되어 IoT의 중심이	초병렬 처리의 고속 가동
인지형 로봇이나 BMI에	소비 전력이 100분의 1로
지구 규모의 시뮬레이션에	스스로 학습하는 인지 컴퓨터

이 컴퓨터는 데이터를 대강 분류하여 필요 없다고 판단한 90번의 계산은 생략하고 필요한 10번의 계산만을 복수의 회로에서 동시에 빠른 속도로 행한다. 이렇게 데이터를 대강 분류하고, 그 분류의 정밀도를 높여가는 로직은 인간의 시각 신경의 작용을 모델화한 '딥 러닝'이라는 추론모델에서 얻었다.

또 한 가지, 뇌를 만드는 시도로 주목되는 것은 뇌의 리버스 엔지니어링reverse engineering이다. 기존의 기계를 분해하여 자세한 설계도를 만들고, 미세한 파트부터 직접 만들면서 기계가 작동하는 메커니즘을 이해하는 공업품 제작의 기본 수법을 뇌연구에 응용하려고 하는 것이다. 그러기 위해 뇌과학자들은 뇌를 마이크로 단위로 분해하여 사방으로 뻗은 신경 조직의 상세한 지도를 만드는 데 몰두하고 있다. 뇌신경 네트워크를 해명하고, 그곳을 흐르는 정보 경로를 추적하기 위해서는 광유전학에 의한 마킹 수법 등, 새로운 지식이 힘이 되어주고 있다.

이런 시도가 성공하면 완치가 어려운 뇌질환도, 뉴런 배열을 복구하여 치료하는 일도, 꿈이 아니게 될지도 모른다.

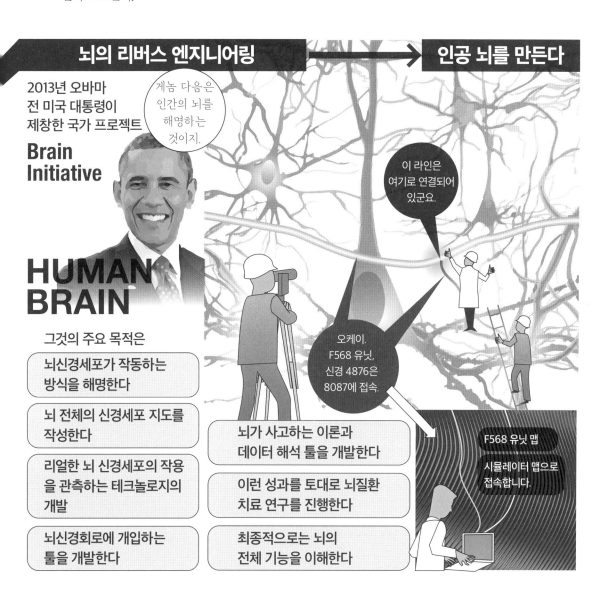

인지과학이 밝혀내는
인간의 '의식'과 '사회적 행동'의 메커니즘

인간의 사회성을 낳는 '사회뇌'

예전 경제학자는 수치 그래프를 열심히 들여다보았지만, 요즘 경제학자는 fMRI의 뇌 스캔 영상을 들여다본다. 신경경제학이라고 불리는 이 새로운 경제학은 인간의 경제활동을 이해하기 위해, 인간 뇌의 메커니즘을 알아내려 하고 있는 것이다.

현재, 뇌기능 연구를 통해 인간을 이해하려는 시도는 경제학뿐만 아니라 심리학, 언어학, 철학 등 다양한 분야에서 이루어지고 있다. 뇌신경의 작용에서 마음의 실체를 찾는 인지신경과학도 원래는 심리학의 흐름을 이어받은 것이다. 이처럼 학문의 영역을 뛰어넘어 뇌와 마음의 관계를 해명하려 하는 연구는 '인지과학'이라고 불리며 fMRI 등 뇌의 활동을 가시화하는 기술의 진보와 더불어 급속히 발전해왔다.

이런 배경을 토대로, 기존의 뇌연구 시점에는 없었던 인간의 사회적 행동과 뇌의 관계에도 눈길을 돌리게 되었다. 현재는 집단생활을 영위하는 인간의 뇌에는 사회적 환경에 적응하는 기능이 있는 건 아닐까 생각하고 있으며, '사회뇌'의 연구가 진행되고 있다.

의식은 정보의 통합에 의해 깃든다

물질인 뇌가 어떻게 '의식'이나 '마음'을 가질까? 이 철학적인 질문에 현대의 뇌과학은 뇌의 정보 처리라는 논리로 답하려 하고 있다. 그것의 하나이자 현재 널리 지지를 받고 있는 것이 미국 정신과의사 줄리오 토노니Giulio Tononi 팀이 주장하는 '의식의 통합정보 이론IIT'이다.

이 이론은 '의식'을 수학적으로 이해하려 하는 것으로, 의식이 생성되려면 정보와 통합이 필요하다고 본다. 46쪽 그림으로 설명했듯이 디지털 카메라는 많은 양의 영상 정보를 처리할 수는 있지만, 본 것을 의식하지는 못한다. 반면 인간의 뇌는 신경세포들이 정보를 주고받으며, 그것들이 통합되기 위해 의식이 생겨난다고 보는 것이 IIT의 생각이다. 통합된 정보량은 의식의 양과 대응한다는 가설도 있으며, 이것이 옳다면 의식이 없는 것처럼 보이는 식물 상태 등에도 의식 수준을 측정할 가능성이 있음을 시사하고 있다.

이 통합된 '의식'이 만들어지는 과정에는 감정으로서 의식되기 전의 '정동' 등, 전신에서 모여든 무수한 정보가 있다는 것을, 이 책에서 설명했다. 뇌과학자들은 가까운 미래에 정교하고 치밀한 신경회로도를 작성하여 통합된 '의식'과 그것을 만들어내는 무의식의 작용을 거기에 재현할지도 모른다. 우리들 인간의 '마음'을 아는 일은 거기에서 시작될지도 모른다.

뇌가 육체를 버리는 날이 온다?!
뇌연구의 앞날에 있는 거대한 갈림길

예전에 해부학자인 요로 다케시養老孟司 도쿄대 명예교수는 자신의 책『유뇌론唯腦論』에서 뇌와 신체에 대해 이렇게 지적했다.

"뇌는 그것의 발생 모체인 신체에 의해, 결국은 반드시 소멸된다. 그것이 죽음이다."라고 말이다. 그 책이 나온 지 30여 년이 지난 지금, 세계적 베스트셀러『사피엔스』저자인 유발 하라리는 이어서 출간한『호모 데우스』에서 생명과학의 가까운 미래에 대해 어두운 뉘앙스로 이렇게 말했다.

뇌과학 연구는 이 기로에 서 있는 걸까?

철학과 뇌과학의 융합

인지과학과 사회 · 경제

뇌연구에서

생명과학 연구

HUMAN BRAIN

로봇 제어 기술

유전자공학

AI 컴퓨터 과학

인간다움, 인간의 행복을 찾는 연구

기계로서의 뇌의 기능 극대화 연구

인간의 몸과 자연이 조화를 이루는 세계로

마이클 S. 가자니가
캘리포니아대학 산타바바라스쿨 심리학 교수. 인지신경과학학회 회장. 사회와 인간의 뇌가 가진 윤리를 연구하고 있다.

> 커츠와일은 중요한 점을 놓치고 있다. 그는 뇌가 생물학적 육체와 연결되어 있다는 사실을 무시하고 있다.

뇌가 품은 욕망이 전개하는 세계로

레이 커츠와일
미국의 저명한 발명가이자 미래학자. 저서『특이점이 온다』에서 AI 능력이 인간을 뛰어넘는 '특이점'을 주장하여 커다란 반향을 불러일으켰다.

> 2045년까지는 인류와 AI가 융합하는 '특이점'이 와서 인류는 새로운 종으로 진화한다

유발 하라리
이스라엘 히브리대학 역사 교수

인류의 역사를 뇌의 인지혁명에 의한 상상의 산물로 재구성한『사피엔스』가 세계적 베스트셀러가 되었다.

『호모 데우스』가 예측하는 암울한 휴머니즘의 종언
고도의 뇌과학 성과가 값비싼 상품으로 부유층에게 독점당하는 가까운 미래를 예측.

"앞날이 보인다. 사회경제적 평등은 낡은 것이 되고, 불사가 유행하게 될 것이다."

그 예로 미국의 거대 IT기업 구글의 AI 개발 책임자 레이 커츠와일Ray Kurzweil로 대표되는 낙관적인 발언을 인용한다.

"2050년 시점에서 건전한 육체와 풍부한 자금을 갖고 있는 사람이라면 누구든지 죽음을 10년 단위로 연장할 수 있는" 일이 가능하다고 말이다. 그들은 유전자 코드를 조작하여 뇌의 회선을 변경하고, AI 컴퓨터와 연결하여 유기체의 한계, 즉 '죽음'을 뛰어넘는 존재가 된다는 것이다. 요로 교수의 지적을 넘어서 신체는 뇌에 의해 버림받는 것이다.

이 미국 IT기업이 지향하는 미래에 대해 날카롭게 경고하는 사람들이 있다. 마이클 가자니가Michael S. Gazzaniga, 안토니오 다마지오Antonio Damasio로 대표되는 뇌신경학 권위자들이다. 그들은 인간의 뇌와 신체는 떼려야 뗄 수 없는 것으로 취급한다. 그리고 인간다움이란 무엇일까,

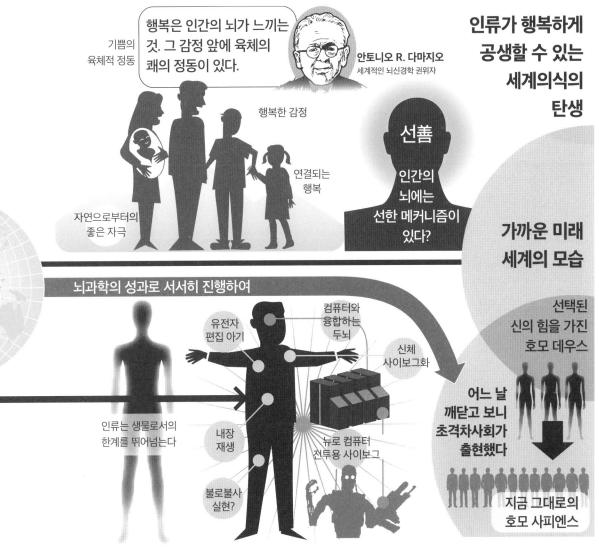

107

인간의 행복이란 무엇일까, 인간이 세계에서 공생하기 위한 제도란 무엇일까 등을 인간의 뇌에서 찾아내려 하고 있다. 타인에게 공감하는 마음, 예술이나 문학작품에 감동하는 마음, 그리고 사회에 대해 선을 베풀려고 하는 본능의 거처를 뇌에서 찾고 있다.

뇌과학의 미래에 대한 양쪽의 차이는 대단히 상징적이다. 뇌가 인지혁명으로 만들어낸 가상의 세계로 그대로 돌진할까? 다시 한 번 자연과 신체라는 리얼한 세계와 만날까? 인류는 어느 쪽의 미래를 희망할까?

참고문헌

『일러스트 강의 인지신경과학 – 심리학과 뇌과학이 푸는 마음의 메커니즘』, 무라카미 이쿠야村上郁也 엮음, 옴샤 펴냄

『정의란 무엇인가Justice: What's the Right Thing to Do?』, 마이클 샌델 지음, 하야카와쇼보 펴냄

『스피노자의 뇌Looking For Spinoza: Joy, Sorrow And The Felling Brain』, 안토니오 R. 다마지오 지음, 다이아몬드사 펴냄

『무의식의 뇌 자기의식의 뇌The Feeling of What Happens: Body and Emotion in the Making of Consciousness』, 안토니오 R. 다마지오 지음, 고단샤 펴냄

『자아가 마음에게 온다Self Comes to Mind: Constructing the Conscious Brain』, 안토니오 R. 다마지오 지음, 하야카와쇼보 펴냄

『신의 발명』, 나카자와 신이치中沢新一 지음, 고단샤 펴냄

『연결되는 뇌』, 후지이 나오타카藤井直敬 지음, NTT출판 펴냄

『왜 인간인가Human: The Science Behind What Makes Your Brain Unique』, 마이클 S. 가자니가 지음, 인터시프트 펴냄

『사회적 뇌Social Brain』, 마이클 S. 가자니가 지음, 세이도샤青土社 펴냄

『사람은 왜 악행을 저지를까The Evil That Men Do』, 브라이언 매스터스Brian Masters 지음, 소시샤草思社 펴냄

『사람의 마음은 어떻게 진화했을까』, 스즈키 고타로鈴木光太郎 지음, 지쿠마쇼보筑摩書房 펴냄

『호모 데우스Homo Deus』, 유발 하라리 지음, 가와데쇼보신샤河出書房新社 펴냄

『의식은 언제 탄생하는가?Nulla di più grande』, 마르첼로 마시미니Marcello Massimini · 줄리오 토노니Giulio Tononi 지음, 아키쇼보亜紀書房 펴냄

『뇌와 무의식 뉴런과 가소성À chacun son cerveau: Plasticité neuronale et inconscient』, 프랑수아 안세르메François Ansermet · 피에르 마지스트레티Pierre Magistretti 지음, 세이도샤 펴냄

『뇌의 의식 기계의 의식 뇌신경과학의 도전』, 와타나베 마사타카渡辺正峰 지음, 주오코론신샤中央公論新社 펴냄

『소셜 브레인 – 자기와 다른 사람을 인지하는 뇌』, 히가키 가즈오開一夫, 하세가와 도시카즈長谷川寿一 엮음, 도쿄대학교 출판회 펴냄

『비주얼한 뇌의 역사 – 뇌는 어떻게 시각화되어왔는가Portraits of the Mind: Visualizing the Brain from Antiquity to the 21st Century』, 칼 슈노버Carl Schoonover 지음, 하야카와쇼보신샤 펴냄

『뇌과학의 역사 – 프로이트에서 뇌지도, MRI로』, 고이즈미 히데아키小泉英明 지음, 가도카와SSC신쇼角川SSC新書 펴냄

『연결되는 뇌과학 – '마음의 메커니즘'을 탐구하는 뇌연구의 최전선』, 이화학연구소 뇌과학종합연구센터 엮음, 고단샤 펴냄

『뇌과학 교과서 신경편』, 이화학연구소 뇌과학종합연구센터 엮음, 이와나미岩波주니어신샤 펴냄

『21세기 뇌과학 – 인생을 풍요롭게 하는 3가지 '뇌의 힘' Social: Why Our Brains Are Wired to Connect』, 매튜 리버먼Matthew D. Lieberman 지음, 고단샤 펴냄

『뇌과학의 진실 – 뇌연구자는 무엇을 생각하고 있는가』, 사카이 가쓰유키坂井克之 지음, 가와데쇼보신샤 펴냄

『뉴턴 무크 – 지금까지 해명된 뇌와 마음의 메커니즘』, 뉴턴프레스 펴냄

『별책 닛케이 사이언스 191 – 마음의 미궁 뇌의 신비를 파헤친다』, 닛케이 사이언스 편집부 엮음, 니혼게이자이신문 출판사 펴냄

『별책 닛케이 사이언스 193 – 마음의 성장과 뇌과학』, 닛케이 사이언스 편집부 엮음, 니혼게이자이신문 출판사 펴냄

『어른을 위한 도감 – 뇌와 마음의 메커니즘』, 이케가야 유지池谷裕二 감수, 신세이新星출판사 펴냄

『병을 판별하는 뇌의 메커니즘 사전』, 다카기 시게하루高木繁治 감수, 기술평론사 펴냄

『언어의 뇌과학 – 뇌는 어떻게 언어를 만들어낼까』, 사카이 구니요시酒井邦嘉 지음, 주오코론신샤 펴냄

『발달장애의 맨얼굴 – 뇌의 발달과 시각 형성으로부터의 접근』, 야마구치 마사미山口真美 지음, 고단샤 펴냄

『메카닉 디자이너를 위한 뇌과학 입문 – 뇌를 리버스 엔지니어링하다』, 다카하시 히로카즈高橋宏知 지음, 일간공업신문사 펴냄

『우연한 마음The Accidental Mind: How Brain Evolution Has Given Us Love, Memory, Dreams, and God』, 데이비드 J. 린든 지음, 가와데河出문고 펴냄

『정신으로서의 신체』, 이치가와 히로시市川浩 지음, 게이소쇼보勁草書房 펴냄

『유뇌론』, 요로 다케시養老孟司 지음, 세이도샤 펴냄

『무심하게 폭력을 휘두르는 뇌The Biology of Violence』, 데브라 니호프Debra Niehoff 지음, 소시샤 펴냄

『사이보그로 살다Rebuilt: How Becoming Part Computer Made Me More Human』, 마이클 코로스트Michael Chorost 지음, 소프트뱅크 크리에이티브 펴냄

참조 사이트

뇌과학사전   https://bsd.neuroinf.jp/wiki

과학기술정보발신·유통종합시스템(과학기술진흥기구)   https://www.jstage.jst.go.jp

일본 이화학연구소   http://www.riken.jp

일본 문부과학성 뇌과학연구전략추진 프로그램   http://www.nips.ac.jp/srpbs/index.html

닛케이 사이언스   http://www.nikkei-science.com

내셔널 지오그래픽 일본판 사이트   https://natgeo.nikkeibp.co.jp

ATR뇌정보통신종합연구소   https://bicr.atr.jp

일본 생리학연구소   https://www.nips.ac.jp

일본 IBM   https://www.ibm.com/jp-ja

교토대학   http://kyoto-u.ac.jp/ja

도쿄대학 대학원 의학계 연구과 의학부   http://www.m.u-tokyo.ac.jp

오사카의과대학 뇌신경외과학교실   https://www.osaka-med.ac.jp/deps/neu

나고야대학 대학원 의학계 연구과·의학부 의학과   https://www.med.nagoya-u.ac.jp/medical_J

「그림으로 읽는

친절한 뇌과학 이야기」

지은이_ 인포비주얼 연구소

옮긴이_ 위정훈

펴낸이_ 양명기

펴낸곳_ 도서출판 -북피움-

초판 1쇄 발행_ 2022년 4월 22일

등록_ 2020년 12월 21일 (제2020-000251호)

주소_ 경기도 고양시 덕양구 충장로 118-30 (219동 1405호)

전화_ 02-722-8667

팩스_ 0504-209-7168

이메일_ bookpium@daum.net

ISBN 979-11-974043-2-0 (03400)

- 잘못 만들어진 책은 바꾸어 드립니다.

- 값은 뒤표지에 있습니다.